LE PARTAGE DE LA RENTE PÉTROLIÈRE

État des lieux et bonnes pratiques

Gilles DARMOIS

LE PARTAGE DE LA RENTE PÉTROLIÈRE

État des lieux et bonnes pratiques

Préface de
Olivier APPERT, Président d'IFP Energies nouvelles

2013

t Editions TECHNIP 5 av. de la République, 75011 Paris

Direction éditoriale : Alexandra Lepinay

Suivi éditorial : Sarah Funel

Couverture : Cécile Hébrard

Maquette et mise en page : Interscript

ISBN 978-2-7108-0985-2

Préface

Toute exploitation de ressources minières dégage une rente. Lorsque l'exploitant n'est pas propriétaire de la ressource, le partage de la rente dégagée a fait l'objet dès l'origine d'un partage souvent durement négocié entre le propriétaire et l'exploitant.

Le partage de la rente a pris une dimension particulière dans le cas du pétrole. En effet, les sommes en cause sont considérables. Par ailleurs, il a une dimension géopolitique dans la mesure où une part importante des ressources sont localisées dans des pays (notamment Moyen-Orient) qui en ont confié l'exploitation à des sociétés pétrolières occidentales. La concession a été le régime contractuel qui s'est imposé au début du XXe siècle à l'image du régime en place aux États-Unis. La première contestation de ce régime apparaît en 1938 au Mexique qui décide de nationaliser ses ressources et d'en confier l'exploitation à une société nationale. Il y a un peu plus de cinquante ans, en 1961, un certain nombre de pays producteurs créent l'organisation des Pays Exportateurs de Pétrole (OPEP) : leur objectif est de rééquilibrer le partage de la rente en leur faveur. Depuis le 1er choc pétrolier en 1973, de nombreux modèles de partage de la rente pétrolière ont été mis en œuvre.

Le problème d'un partage équilibré de la rente reste d'actualité dans tous les pays. Les États propriétaires des ressources pétrolières dont l'économie est souvent très dépendante des revenus du pétrole font appel aux ressources techniques, humaines et financières des compagnies internationales qui prennent le risque de l'exploration et de l'exploitation.

Ce livre présente opportunément une synthèse historique, technique, économique et juridique de la problématique du partage de la rente pétrolière. Il propose aussi des exemples des meilleures pratiques pour construire un cadre contractuel durable offrant un bon équilibre entre les risques des opérateurs et la rémunération des États dépendants de leurs ressources pétrolières. IFPEN a dès sa création joué son rôle de conseil et de formation pour mettre en œuvre des solutions adéquates. Il constitue un lieu non conflictuel privilégié pour mener ce travail. Pour ce faire, il est nécessaire de prendre en compte les évolutions techniques (exploitation plus difficile, augmentation des coûts) mais aussi les perspectives d'une augmentation des prix. Les exemples développés dans ce livre montrent la nécessité d'aborder ce sujet majeur dans un esprit pragmatique combinant les expertises juridiques, techniques, économiques et financières. Ce livre contribuera à construire des cadres contractuels du partage équitable de la rente pétrolière.

Olivier Appert
Président d'IFP Energies nouvelles

Table des matières

Chapitre 5
Proposition de meilleures pratiques contractuelles, depuis l'appel d'offres jusqu'à l'abandon

Unités, abréviations et monnaies

Unités et abréviations

b   = baril (volume)
b/j = baril par jour (débit)

Les multiplicateurs sont ceux du Système International :
M = 10^6 c'est-à-dire million.   1 Mb = Un million de barils
G = 10^9 c'est-à-dire milliard.   1 G\$ = Un milliard de dollars

Monnaies

Les valeurs des productions sont le plus souvent exprimées en dollars américains, monnaie dans laquelle le pétrole est vendu.

\$/b = dollar par baril

La plupart des monnaies locales citées dans l'ouvrage ne sont pas converties en dollars si leur taux de change peut varier de manière trop importante. Le lecteur trouvera facilement sur Internet le taux de change du moment pour toutes les monnaies utilisées.

Introduction

Depuis plus d'un siècle, les modalités du partage de la rente pétrolière ont beaucoup évolué. De nouveaux pays producteurs sont apparus sur la scène mondiale. Il y a 60 ans, une industrie cartellisée pouvait dicter sa loi aux États. En 1961, certains pays producteurs ont créé l'OPEP pour rééquilibrer le partage de la rente en leur faveur. Aujourd'hui, l'échange inégal en matière pétrolière n'est plus une fatalité pour un État qui décide de faire appel aux ressources techniques, humaines et financières des compagnies internationales. Les États peuvent obtenir des conditions favorables de partage de la rente pétrolière, sous réserves de bien analyser leurs besoins et leurs forces. Ce livre décrit cette évolution.

Le premier chapitre présente rapidement le fonctionnement de l'industrie de l'exploration-production et les trois types de rente pétrolière. Il introduit la question des réserves, sous ses aspects technico-économiques et politiques. Les entreprises pétrolières cotées aux États-Unis[1] doivent présenter dans leurs comptes les quantités de réserves sur lesquelles elles ont un droit. Cette comptabilisation des réserves nationales par des entreprises privées semble pour certains États entrer en conflit avec leur souveraineté. Le livre établit qu'il s'agit d'un faux problème.

Le chapitre 2 présente les deux principales modalités de relations entre un État pétrolier et une compagnie internationale. La concession est la forme historique. Elle tient sa structure de ce qu'elle est née, comme l'industrie pétrolière, aux États-Unis où le propriétaire du sol est très souvent également le propriétaire du sous-sol. La concession par un particulier du droit d'explorer et produire est rémunérée par une redevance proportionnelle à la production et non au résultat. Le contrat de partage de production a été développé par l'OPEP pour réaffirmer la souveraineté

---

1. Et bientôt toutes celles qui respectent les normes IFRS.

des États sur leurs ressources. Les mécanismes de partage sont différents, mais n'augmentent pas de manière automatique la part de l'État.

Le chapitre 3 examine les options d'organisation qu'un État producteur peut retenir pour tirer le maximum de son potentiel pétrolier. La création d'une société nationale peut être une bonne démarche pour un État producteur, mais elle exige que l'État lui laisse les moyens de fonctionner, en particulier pour financer sa part des investissements et développer ses ressources humaines et techniques. Des succès indiscutables voisinent avec des échecs dramatiques. De manière générale, un État qui souhaite retirer un maximum de l'exploitation de ses ressources non renouvelables doit y appliquer une démarche volontaire et persistante de professionnalisme.

Les développements des modalités contractuelles font l'objet du chapitre 4. Les contrats d'exploration-production d'hydrocarbures ont des durées de vingt-cinq à trente ans, voire plus. Sur de telles périodes de temps, des événements plus ou moins prévisibles se produisent : variations brutales des prix, évolutions techniques, prise en compte de l'environnement. Les contrats ont cherché à prendre en compte ces évolutions en conservant les objectifs initiaux du partage. Par exemple, des solutions contractuelles ont été testées pour augmenter automatiquement la part des États en fonction de la rentabilité des découvertes pour les entreprises.

Le dernier chapitre émet des recommandations aux États sur les avantages et défauts des diverses options contractuelles. Il rassemble les meilleures pratiques à la disposition des États. Deux principes sont essentiels pour l'État : d'une part, qu'il sache adapter son prélèvement (la fiscalité contractuelle) à la qualité du domaine minier offert aux entreprises[2] et d'autre part, qu'il exerce le même professionnalisme dans sa gestion du secteur des hydrocarbures que celui qu'il attend des compagnies contractantes. Le premier principe explique l'échec du contrat de service irakien pour l'exploration. Pour le second, il est maintenant bien établi que le respect de la sécurité des opérations, de l'environnement, du droit du travail ou plus généralement des conditions contractuelles et réglementaires dépendent autant des entreprises que de la qualité du contrôle que l'État exerce sur elles.

---

2. Et donc en leur assurant en cas de découverte une rémunération en ligne avec le risque qu'elles prennent.

Chapitre 1

L'industrie d'exploration-production, la rente pétrolière, les réserves

1.1 Survol rapide de l'industrie de l'exploration-production

Dans la plupart des pays, les hydrocarbures du sous-sol appartiennent à l'État. Un État peut choisir de développer seul son pétrole et son gaz, au moyen d'une société nationale. Il peut également faire appel à une compagnie pétrolière internationale.

---

1. L'industrie pétrolière, la comptabilité pétrolière et la consommation de pétrole sont nées aux États-Unis. C'est ce qui explique la prééminence de l'anglais dans le vocabulaire technique et juridique du pétrole et du gaz.
2. Du puits jusqu'à la pompe.

Périmètre EP : activité allant du puits jusqu'à l'exportation. C'est sur ce périmètre que s'applique la fiscalité pétrolière.

Domaine minier : zone délimitée de la surface d'un pays où une entreprise pétrolière est autorisée, de manière exclusive, à conduire de l'exploration et, en cas de découverte, à développer et produire des hydrocarbures.

Bloc, licence, permis : tous ces termes sont utilisés pour décrire une zone contractuelle d'exploration.

Hydrocarbures : pétrole et gaz.

1.1.1 Domaine minier

Pour la compagnie pétrolière, l'exploration-production s'apparente à une noria :

- il faut trouver du domaine minier et se le faire attribuer ;
- explorer et découvrir ;
- développer un champ ;
- produire ;
- abandonner et remettre en état.

Chaque découverte permet de continuer l'activité, mais un champ n'a qu'une durée de vie limitée. La compagnie doit donc en permanence rechercher du nouveau domaine minier pour continuer à exister.

■ *Trouver du domaine minier est le travail des explorateurs*

- Analyser les bassins sédimentaires pour y mettre en évidence un système pétrolier (travail des « explorateurs » géologues naturalistes).
- Voir ensuite si les zones identifiées sont accessibles : qui en est le propriétaire (un particulier comme aux États-Unis, un État).
- Négocier avec le propriétaire le droit d'explorer et de produire les hydrocarbures existant éventuellement dans (une partie de) son sous-sol.

■ *Acquérir du domaine minier fait entrer de nouveaux spécialistes (négociateurs, ingénieurs, juristes)*

- L'État peut avoir un code minier qui décrit les droits et obligations des compagnies menant une activité d'exploration.
- L'entreprise peut mener des négociations de gré à gré qui aboutiront à la signature d'un contrat.

- L'État peut mettre aux enchères des parties de son domaine minier. Le régime contractuel sera défini dans l'appel d'offres.

Dans tous les cas, pour gagner, il faut payer un **bonus de signature** ; éventuellement, prendre des engagements de travaux minimaux pendant la phase d'exploration.

En cas de découverte, la compagnie conduit l'appréciation du champ en acquérant des données additionnelles (sismique, forage) jusqu'à pouvoir décider de sa commercialité. Il s'agit de mieux connaître les quantités en place et de choisir le schéma de développement (nombre et emplacement des puits) qui optimise la récupération. La commercialité sera déclarée si l'investissement satisfait aux critères de rentabilité de l'entreprise. Le calcul économique exige un chiffrage des réserves (et du profil de production), des investissements et des coûts opératoires. Il faut aussi établir une hypothèse de prix du pétrole pour la période de production, souvent une vingtaine d'années.

VOCABULAIRE

Puits sec : puits qui n'a pas mis en évidence des hydrocarbures en quantités commerciales (trop petit, pétrole trop cher à produire, gaz trop éloigné des marchés, etc.). En moyenne mondiale, cinq puits d'**exploration** sur six sont secs.

Champ : unité dynamique contenant des hydrocarbures récupérables.

Capex : (de l'américain *Capital expenditures*) dépenses d'investissement pour découvrir et développer un champ pétrolier.

Opex : (de l'américain *Operating expenditures*) charges d'exploitation pour produire un champ pétrolier.

Réserves : quantités totales d'hydrocarbures qui auront été produites à la fin de l'exploitation du champ. Les réserves ne sont connues avec certitude que lorsqu'on ferme définitivement le champ.

Réserves prouvées : quantités d'hydrocarbures productibles à partir d'un champ donné, avec une quasi-certitude. On les appelle aussi **réserves 1P**.

1.1.2 Associations pétrolières

Le plus souvent, les compagnies s'associent pour partager les risques et mettre en commun leurs expertises. Les règles de fonctionnement des associations sont décrites dans un contrat d'association signé par les partenaires. Les associations pétrolières n'ont pas de personnalité juridique (elles ne présentent pas de bilan ni de compte de résultat). Chaque partenaire est propriétaire des installations à hauteur de son pourcentage, est responsable de ses impôts et retire sa part de pétrole.

La constitution des associations pétrolières se fait au moment de la prise de domaine minier, par un accord de tous sur le montant du bonus de signature et des engagements de travaux. Afin de faciliter la convergence des points de vue sur les plans techniques et budgétaires, les compagnies cherchent le plus souvent des partenaires ayant des surfaces financières et des compétences techniques équivalant aux leurs.

VOCABULAIRE

Contrat patrimonial : contrat signé par l'État d'une part, et chacun des partenaires d'autre part. Il décrit les droits et obligations respectives, et en particulier les termes du partage de la rente.

Contractant : signataire du contrat avec l'État. Le terme recouvre, selon le contexte, l'ensemble indivis des partenaires, l'opérateur ou chacun des partenaires (pour ce qui concerne leurs droits et obligations).

Opérateur : partenaire retenu par l'association pour conduire les travaux. L'opérateur ne facture pas son activité à ses partenaires. On dit qu'il travaille *at cost*.

JOA[3] : accord d'association qui décrit les droits et obligations de l'opérateur et des partenaires. Il est complété par un accord comptable.

Pass-mark : pourcentage des voix nécessaire pour qu'une décision soit prise. Chaque partenaire a un droit égal à son pourcentage. Les décisions les plus importantes requièrent en général l'unanimité.

Appel de fonds[4] : modalité de financement de l'association. Les appels sont faits dans le cadre des budgets votés d'Opex et de Capex. Chaque partenaire paye selon son pourcentage. Très grossièrement, la partie d'exploration représente 10 % des coûts totaux, le développement 40 % et la production 50 %. L'exploration et le développement constituent les Capex ; les coûts de production les Opex.

Brut équité : part de la production qui revient à un partenaire. Le terme « équité » ne renvoie pas à une valeur morale. Il s'agit de la traduction littérale de l'américain *equity crude*.

1.1.3 Découverte, développement, production

En cas de découverte, qui ne peut être faite qu'au moyen d'un forage (ou puits), il faut, le plus souvent, effectuer une activité d'appréciation (ou délinéation) afin de savoir si elle sera commerciale. La connaissance des réserves d'un champ repose au début sur une image de sa géométrie (obtenue par la sismique et les quelques puits d'appréciation) et des caractéristiques physiques du réservoir en un petit nombre de points de contrôle (les puits). Les incertitudes restent donc grandes, même à l'issue de l'appréciation. Le développement apporte quelques points de contrôle additionnels, mais les données dynamiques n'arriveront qu'après le début de la production. À partir de ce moment, le comportement dynamique du champ (volumes, pressions, production d'eau) permet de réduire les incertitudes de manière plus importante.

D'un point de vue contractuel, l'appréciation d'une découverte se déroule encore pendant la période dite « d'exploration ». C'est au moment de la déclaration de commercialité que le contrat change de nature. Une licence d'exploitation est donnée, sur une surface plus réduite recouvrant le champ à développer. Sa durée est définie dès la signature du contrat patrimonial.

Le développement est construit sur une optimisation économique entre l'investissement et les réserves. Les partenaires et l'État approuvent le projet et le budget. La durée du développement est décomptée de la durée de la phase d'exploitation.

Le profil de production d'un champ comporte le plus souvent :
- **un _build-up_** : augmentation progressive du niveau de production à mesure que les puits de production sont mis en service ;
- **un plateau** : période où la production reste stable. Le plateau peut correspondre à une baisse du potentiel du champ ou être obtenu par des forages de développement complémentaires ;
- **un déclin** : phase où la production décroît et où l'opérateur cherche à réduire les coûts unitaires.

Chaque champ est suivi en permanence par un ingénieur qui peut donner à tout instant – et notamment en fin d'année – le profil de la production future et les réserves restantes. L'opérateur arrête le champ

---

3. Joint Operating Agreement.
4. _Cash call._

lorsque le *cash flow* ne suffit plus à couvrir les frais variables. L'investissement initial est le plus souvent amorti si les hypothèses techniques et économiques étaient correctes. Parfois, l'association choisit de céder sa participation dans le champ à une compagnie spécialisée dans les fins de vie des champs. Ces compagnies ont une base de coûts plus réduite (pas d'explorateurs, de gros ordinateurs, d'équipes projets, etc.) et peuvent donc produire plus longtemps.

Un puits est abandonné quand il produit un pourcentage d'eau trop élevé. Il est alors mis en sécurité et bouché. Un champ est abandonné quand il n'y a plus de puits producteur.

Taux de récupération : pourcentage d'hydrocarbures produits par le champ entre sa mise en production et son abandon.

Récupération primaire : pétrole produit par dépression du champ. Le taux de récupération se situe entre 5 et 15 % pour le pétrole ; il est de 75 % pour le gaz.

Récupération secondaire : pétrole produit avec maintien de pression (injection d'eau ou de gaz). Le taux de récupération peut atteindre 25 à 35 %. Ces procédés exigent des Capex et des Opex additionnels.

Récupération tertiaire : pétrole produit par des techniques coûteuses qui améliorent la récupération (injection de vapeur, de polymères, de surfactants). Ces techniques ne sont pas toutes applicables à un champ ; elles ne sont pas toutes prouvées. L'économie de la récupération tertiaire dépend du prix du brut et des produits injectés.

1.1.4 Commercialisation du pétrole

Le pétrole produit appartient aux partenaires et à l'État en fonction de leurs parts respectives dans le cas d'une concession. Dans un contrat de partage de production, le pétrole appartient à l'État jusqu'à ce qu'il arrive dans les stockages du terminal pétrolier d'où il sera exporté. Mais cette propriété formelle, spécifiée dans le contrat de partage de production, recouvre des droits à huile pour chacun des partenaires et pour l'État. Un baril de pétrole produit sert pour une partie à rembourser les coûts récupérables. C'est le *cost oil* qui est attribué à chacun des partenaires au prorata de son pourcentage dans l'association. Le reste du baril est le *profit oil*, attribué à l'État et aux partenaires selon les règles de partage définies par le contrat.

Pour commercialiser le pétrole, l'opérateur va affecter une cargaison à un des partenaires (ou à l'État). En effet, le navire ne peut quitter le terminal pétrolier qu'avec un propriétaire unique, qui pourra librement disposer de la cargaison et la vendre dans les meilleures conditions. Le navire sera donc chargé avec du pétrole qui appartient au partenaire désigné, mais aussi avec du pétrole attribué aux autres partenaires. Il n'y a généralement pas autant de stockages que de partenaires. Cette obligation d'attribuer une cargaison à un seul des partenaires crée un système dit de « sur- et de sous-enlèvement ». L'opérateur tient un décompte des dettes des uns envers les autres. La régularisation des comptes se fait selon les règles prévues dans le contrat.

■ *Exemple*

Dans une association pétrolière, les stockages sont remplis de pétrole brut appartenant (alloué) à chacun des partenaires au prorata de leurs droits à huile. C'est-à-dire, le plus souvent, en fonction de leur pourcentage dans l'association.

Les enlèvements se font par *tanker*, dont la cargaison doit être attribuée à un seul des partenaires (responsabilité d'enlever la production, affrètement du *tanker*, charte-partie, destination, etc.).

Soit l'association :
- A opérateur (40 %) ;
- B partenaire (35 %) ;
- C partenaire (25 %).

La première cargaison est attribuée à A.

	Première cargaison
Droits de A	800 000
Droits de B	700 000
Droits de C	500 000
	2 000 000

À l'issue du premier enlèvement, A doit 700 000 barils à B et 500 000 barils à C. Si la cargaison suivante est attribuée à B, il y aura remboursement partiel de B à A et C aura avancé 1 Mb à ses deux partenaires. La troisième cargaison lui sera attribuée. En supposant que les cinq cargaisons suivantes sont attribuées à B, C, puis à nouveau dans le même ordre, on obtient le tableau 1.1.

TABLEAU 1.1 ■ **Droits et dettes en volume**

	Cargaison 1	Cargaison 2	Cargaison 3	Cargaison 4	Cargaison 5	Cargaison 6
Droits de A	800 000	800 000	800 000	800 000	800 000	800 000
Droits de B	700 000	700 000	700 000	700 000	700 000	700 000
Droits de C	500 000	500 000	500 000	500 000	500 000	500 000
Cargaison	2 000 000	2 000 000	2 000 000	2 000 000	2 000 000	2 000 000
Emprunt nécessaire	1 200 000	1 300 000	1 500 000	1 200 000	1 300 000	1 500 000
A doit à B	700 000	0	0	600 000	0	0
A doit à C	500 000	500 000	0	200 000	200 000	0
B doit à C	0	500 000	0	0	300 000	0
B doit à A	0	100 000	100 000	0	200 000	200 000
C doit à A	0	0	300 000	0	0	600 000
C doit à B	0	0	200 000	200 000	0	400 000

Brut : pétrole non raffiné.

Huile : pétrole, traduction littérale de l'américain *oil*.

Gaz associé : gaz produit en même temps que du pétrole. C'est ce gaz associé qui peut être **torché** (brûlé à la torche) s'il n'y a pas de marché accessible pour ce dernier.

Gaz sec : gaz productible indépendamment du pétrole. Une découverte de gaz sec n'est pas toujours une bonne nouvelle si le champ est loin d'un marché solvable. Le gaz exige un tuyau entre le puits et le brûleur du consommateur.

Condensats : liquide contenu dans du gaz non associé, stable à la surface. On dit que le gaz est riche. La présence de condensats améliore l'économie du développement.

GPL : gaz de pétrole liquéfié. Butane et propane. Ils peuvent être commercialisés en bouteilles. Leur séparation n'est pas toujours rentable.

GNL : gaz naturel liquéfié. Le gaz est liquéfié pour le transporter dans des méthaniers vers les marchés. L'investissement s'élève à plusieurs milliards de dollars et exige une grande quantité de gaz pour rentabiliser l'investissement sur une vingtaine d'années.

VLCC : navire transportant des cargaisons de 2 Mb utilisé pour des transports sur de grandes distances (Afrique vers les États-Unis et l'Europe, Moyen-Orient vers l'Europe et l'Asie).

Brent : qualité de pétrole produit en mer du Nord. Son prix, défini sur un marché physique et des marchés financiers, sert de référence pour les transactions en Europe et en Asie. Il tire son nom d'un champ de mer du Nord. Une cargaison de Brent est de 600 000 barils.

WTI : qualité de pétrole produit aux États-Unis. Son prix, défini sur un marché physique et des marchés financiers, sert de référence pour les transactions aux États-Unis.

Brut de référence (*benchmark*) : Brent ou WTI.

Prix du pétrole : en dollar par baril ($/b). Il faut préciser la qualité, le lieu et la date de livraison.

Différentiel : différence entre le prix d'une qualité de brut et celui d'un brut de référence.

Prix FOB : prix pour du pétrole livré à bord du *tanker*. Le pétrole est vendu FOB quand on n'en connaît pas la destination et/ou l'acheteur final au moment du chargement.

Cargaison : quantité de pétrole chargée à bord d'un *tanker*.

1.1.5 Financement des opérations pétrolières

Dans une compagnie privée, l'exploration est nécessairement financée au moyen de capitaux propres. En effet, le risque de ne rien trouver à l'issue de la phase d'exploration reste important. Une compagnie qui s'endetterait pour financer de l'exploration se retrouverait dans l'impossibilité de rembourser en cas d'échec. De toute façon, aucune banque n'accepterait de prêter à une compagnie pour mener une campagne d'exploration.

Une fois la découverte réalisée, le développement est financé par de la dette, moins coûteuse que des capitaux propres. Quand une petite compagnie réalise de très belles découvertes, elle propose souvent à d'autres compagnies pétrolières d'entrer comme partenaire en leur vendant un pourcentage du permis où la découverte a été faite. Cette cession peut prendre plusieurs formes :

- paiement en espèces du pourcentage acquis : il s'agit alors simplement de monétiser rapidement le succès d'exploration ;
- financement par la compagnie entrante de la part conservée par la compagnie ayant fait la découverte : dans ce cas, l'entrant paye sa part plus celle du découvreur.

Une combinaison des deux méthodes (*cash* + financement) est fréquente. Si le développement s'annonce techniquement délicat, le transfert du rôle d'opérateur peut également faire l'objet de l'accord.

- ■ *Exemple*

En 2011, la compagnie britannique Tullow a fait entrer Total et CNOOC en Ouganda sur le permis du lac Albert pour un montant de 2,9 G\$. En Guyane française, Tullow a cédé 33 % du permis et le rôle d'opérateur à Shell sur le prospect de Zaedyus.

Quand une compagnie est incapable de financer sa part du développement, elle peut recourir au portage par un partenaire. Dans ce cas, sa part des Capex est payée par un partenaire, et le remboursement se fait après le début de la production sur tout ou partie de son brut équité. (*Pour un approfondissement de la notion de portage, voir chapitre 5, section 5.6, « Compagnie nationale ».*)

Le **financement de projet** consiste à faire appel à des banques pour apporter les fonds. Les banques ont alors un droit prioritaire sur le *cash flow* du projet. Cette méthode de financement, très lourde (chaque décision opérationnelle doit être validée par les banques prêteuses) et coûteuse (les banques ont tendance à beaucoup surestimer les risques du projet), est très rare dans l'exploration-production. Elle n'est mise en œuvre que dans des cas très particuliers. Par exemple, certaines tranches du développement du champ de gaz iranien de South Pars ont été développées par financement de projet, car le gouvernement iranien ne laisse pas suffisamment de *cash flow* à sa compagnie nationale (NIOC).

1.2 Rente pétrolière

L'expression « rente pétrolière » est couramment utilisée pour désigner la différence entre le prix de vente du pétrole brut et son coût de revient. Il s'agit en fait du profit avant impôt de l'activité d'exploration-production. La part de l'impôt payé à l'État où se déroule la production fait partie des termes du partage de la rente.

1.2.1 Pourquoi parler de rente et non de profit ?

Il s'agit d'une rente différentielle au sens de Ricardo. Elle apparaît lorsque le prix de vente d'un produit est supérieur au coût marginal du producteur le moins performant. Ricardo avait introduit le concept en agriculture, où toutes les terres n'ont pas la même qualité. Le propriétaire de la terre la plus riche dégage la rente entre son coût de revient et le prix de vente qui dépend de la productivité de la terre la moins riche appelée à produire.

Quoi qu'on puisse en penser, il ne s'agit pas d'une rente au sens d'un revenu passif d'un patrimoine.

Il y a trois sources de rente pétrolière :

- **la rente provenant des différences de coût de production.** Aujourd'hui, le pétrole le moins cher à produire se trouve au Moyen-Orient. Le coût de revient, de l'ordre de 8 à 15 \$/b, est très nettement inférieur au coût de production du pétrole le plus difficile à produire, sans doute aujourd'hui dans l'*offshore* profond, ou les pétroles lourds, dont le coût de production se situe aux environs de 70 à 80 \$/b ;
- **la rente de qualité du pétrole.** Un pétrole léger et peu soufré se vend plus cher qu'un pétrole plus lourd et plus soufré. Un pétrole lourd engendre plus de produits lourds (FOL par exemple) bien moins valorisés que les essences et les autres produits plus légers. Un brut soufré demande plus d'énergie pour être raffiné, puisqu'il faut éliminer le soufre, dont la présence dans les carburants est très réglementée afin de limiter les rejets d'oxyde de soufre et les dommages aux moteurs. Le nombre de raffineries acceptant les bruts soufrés est limité. Quand il y a beaucoup de brut soufré sur le marché[5], la différence de prix peut atteindre 15 \$/b ;
- **la rente provenant de la distance au marché.** Il est beaucoup moins coûteux de transporter un brut de mer du Nord vers les raffineries ARA[6] qu'un brut du Moyen-Orient vers les marchés asiatiques ou qu'un brut du golfe de Guinée[7] vers les États-Unis (ou la zone ARA). Comme le prix reste fixé FOB en référence au prix de marché, le producteur le plus éloigné peut subir une pénalité de l'ordre de 1 à 2 \$/b (selon le coût du fret pétrolier).

---

5. Comme c'est le cas lorsque l'Arabie saoudite augmente sa production, car elle apporte souvent de l'Arabian Light (teneur en soufre 1,80 % contre 0,37 % pour le Brent ; voir G. Darmois & J.-P. Favennec, *Les marchés de l'énergie*, Éditions Technip 2012).

6. Anvers-Rotterdam-Amsterdam.

7. Angola, Nigeria, Congo, Gabon, etc.

Il existe, depuis plusieurs années, une nouvelle source de rente, celle liée à la différence entre le prix fixé par les marchés financiers et celui des fondamentaux. On a pu estimer qu'elle atteignait 30 à 50 \$/b lors de la montée des prix de 2008 (passage du Brent à 140 \$/b). Cette rente a été créée par les anticipations des spéculateurs[8] et le fait que le pétrole n'a pas encore d'alternative dans le secteur des transports[9]. Le mécanisme du marché fait que le pétrole est presque toujours valorisé au-dessus du coût du baril marginal. S'il descend en dessous (1986, 1999), le rebond est rapide en raison d'un double mécanisme de réduction de l'offre et d'augmentation de la demande. En revanche, quand il est supérieur, la réduction de la demande est lente et l'augmentation de l'offre impossible à court terme.

1.2.2 Point de vue d'un État consommateur

En toute rigueur, le pétrole brut ne peut pas être utilisé sans passer par la phase du raffinage et de la distribution. La rente pétrolière entendue au sens le plus large sera donc égale à la différence entre le prix de vente des produits raffinés et le coût de l'ensemble de la chaîne, depuis l'exploration jusqu'à la pompe, en passant par les opérations de production, de transport et de raffinage. En ce sens, le prix final du carburant comprend à la fois l'impôt payé à l'État producteur et la fiscalité appliquée aux carburants par l'État consommateur. Ces deux éléments peuvent être de montants équivalents. Les taux de fiscalité appliqués aux carburants dans les États consommateurs sont variables, parfois négatifs, mais le principe reste le même : une taxe spécifique sur les produits pétroliers, à laquelle peuvent s'ajouter une TVA et des taxes locales. Cet ouvrage n'analysera pas plus cet aspect. Nous nous en tiendrons à la définition plus étroite de la rente pétrolière, c'est-à-dire le partage du profit réalisé au moment du chargement du *tanker* qui transporte le pétrole brut vers les pays consommateurs.

1.3 Les réserves

La question des réserves est un point très sensible pour les États à fort nationalisme pétrolier. Ils ne veulent accepter que « leurs » réserves puissent figurer dans les comptes des compagnies qui les produisent. C'est

---

8. À moyen terme, raréfaction des productions peu coûteuses ; à court terme, considérations géopolitiques et macroéconomiques.

9. Ce qui explique que son prix peut monter sans que les consommateurs puissent se reporter sur une énergie concurrente devenue moins chère.

le sens de l'affirmation du contrat de partage de production : l'État reste propriétaire de tout, droits miniers, réserves, installations de production, bases industrielles, pipelines, stockages, quais de chargement, etc. Il s'agit pourtant d'un faux problème.

1.3.1 Règles SEC

La comptabilisation des réserves des compagnies pétrolières a été rendue obligatoire pour les compagnies cotées aux États-Unis par la SEC[10]. Il s'agissait de protéger le petit actionnaire d'éventuelles escroqueries. Chez les Américains, la croyance que l'on peut devenir facilement millionnaire en achetant des actions de compagnies pétrolières reste très ancrée. Les règles de comptabilisation des réserves ont été créées pour éviter que les compagnies ne présentent des chiffres surestimés.

Comme mentionné précédemment, l'exploration est financée par des capitaux propres, qui peuvent être perdus en cas d'échec, alors qu'une dette doit être remboursée. Il y a plus d'une dizaine de milliers de compagnies pétrolières aux États-Unis. Typiquement, une entreprise qui se crée acquiert une licence d'exploration, puis va chercher des capitaux sur une Bourse. Elle rédige un prospectus dans lequel elle décrit ses perspectives, afin de convaincre le dentiste du Nebraska[11] de souscrire à son offre de capital. À ce stade, la SEC lui demande de ne pas mentir. Les prospectus sont remplis de mises en garde sur le risque qu'une exploration sèche fasse perdre leurs mises aux actionnaires, mais elles sont écrites en petits caractères et rarement lues.

Une fois le capital souscrit, la compagnie peut commencer son exploration. Les règles comptables acceptées par la SEC permettent de capitaliser toutes ces dépenses. Il est difficile de savoir si ces actifs capitalisés correspondent véritablement à des réserves créatrices de valeur.

---

10. Security and Exchange Commission, qui supervise les Bourses aux États-Unis.
11. C'est l'équivalent américain de la veuve de Carpentras.

Pourquoi faut-il des règles de comptabilisation des réserves ?

Dans un jeu d'états financiers annuels, les compagnies cotées sont tenues de fournir un bilan, un compte de résultat et un tableau des flux. Mais les réserves, qui sont pourtant les actifs les plus pertinents pour décrire la richesse de l'entreprise, n'y figureront pas. Au bilan, parmi les actifs long terme, on ne trouvera que le montant des investissements qui ont été nécessaires pour développer les champs.

Ainsi, un champ développé pour un coût de 100 M\$ sera inscrit à l'actif du bilan pour ce montant. Mais il peut aussi bien détenir des réserves de 100 Mb que de 500 Mb. C'est pourquoi la SEC a exigé que les réserves fassent l'objet d'un *reporting* spécifique, longtemps appelé FAS 69, du nom de la norme américaine correspondante.

Ce *reporting* exige la présentation de six tableaux avec un découpage géographique au choix de l'entreprise. Les trois premiers sont de nature comptable et présentent des données historiques. Les trois suivants sont de nature technico-économique et exposent des données prévisionnelles (volume de réserves par catégorie d'hydrocarbures et valeur actualisée de ces réserves).

À l'inverse des états financiers, ce *reporting* de réserves n'est pas audité. Les compagnies s'opposent à l'audit de leurs chiffres de réserves principalement en raison du caractère subjectif du chiffrage. Un auditeur qui s'engagerait en certifiant l'existence des réserves publiées aurait tendance à retenir les valeurs les plus faibles, par crainte de voir sa responsabilité recherchée en matière pénale dans le cas où les réserves réelles seraient inférieures.

Pour pouvoir être comptabilisées dans le *reporting* des entreprises, les réserves doivent satisfaire à plusieurs critères :
- il faut d'abord qu'elles existent ;
- il faut ensuite que la compagnie ait sur elles un droit de propriété ou d'accès ;
- il faut enfin que ces réserves soient exploitables dans des conditions commerciales, et qu'une décision de développement soit déjà prise.

La SEC demande que la compagnie communique ses réserves **prouvées**, c'est-à-dire celles dont elle a la quasi-certitude qu'elles sont présentes et productibles[12].

---

12. Depuis 2010, les compagnies sont également autorisées à présenter leurs réserves probables ainsi que leurs ressources. Ce sont des quantités croissantes, avec une probabilité d'existence de plus en plus réduite. En particulier, les ressources peuvent très bien ne jamais être commercialisées à aucun prix du baril, voire ne jamais exister.

1.3.2 Modifications 2010

Le critère d'existence a longtemps été relié au fait qu'un forage d'exploration ait effectivement rencontré des hydrocarbures. Jusqu'en 2010, la conception de la SEC était très restrictive. En 2010, les règles ont été assouplies.

Le critère du droit de propriété est satisfait pleinement dans le cas d'une concession. Pour un contrat de partage de production, la SEC considère que les droits à huile définis par le contrat sont suffisants pour satisfaire à ce critère. On voit donc que l'intention de l'inventeur du contrat de partage de production de réaffirmer la propriété de l'État sur les réserves de son sous-sol n'interdit pas au contractant d'en comptabiliser une partie dans ses comptes annuels.

Le critère de l'économicité des réserves est satisfait dès lors qu'une décision de développement a été prise. C'est au moment où la licence d'exploration se transforme en licence d'exploitation que les compagnies pétrolières peuvent comptabiliser des réserves prouvées. La question de l'économicité se pose de manière différente pour des réserves de gaz. En effet, un gaz éloigné des marchés exigera, pour être produit, la construction soit d'un gazoduc sur plusieurs milliers de kilomètres, soit d'une usine de liquéfaction, d'une flotte de méthaniers capables de transporter le gaz liquéfié et de terminaux de regazéification dans les pays consommateurs : c'est parce qu'elle avait comptabilisé des réserves de gaz non commerciales qu'elle possédait en Australie que Shell a dû reconnaître, après quelques années, une surestimation de ses réserves. Cet aveu a failli lui coûter la vie[13].

La révision des règles de 2010 a assoupli un certain nombre de critères techniques, en ligne avec l'amélioration des procédés de mise en évidence d'hydrocarbures dans le sous-sol. Sur la propriété, la règle a été assouplie pour permettre la comptabilisation des réserves dans le cadre du contrat de services irakien.

1.3.3 Calcul des réserves

Dans la compagnie pétrolière, le calcul des réserves se fait champ par champ. Le profil de production est établi sur la base d'un modèle, et les réserves du champ représentent la quantité totale d'hydrocarbures qui

---

13. Le cours de son action a chuté de telle sorte que sa valeur de marché devenait inférieure à sa valeur économique. L'action n'a remonté que grâce à la rumeur que Total s'apprêtait à racheter Shell.

sera produite pendant la durée de vie du champ. Cela donne les réserves techniques probables. Pour arriver aux réserves prouvées, il faut appliquer un abattement. Les réserves probables ont une probabilité de 50 %, alors que les réserves prouvées doivent être certaines à 90 ou 95 %. Pour un même champ, l'abattement entre les réserves probables et les réserves prouvées peut être très différent selon les compagnies partenaires[14].

Il faut ensuite retirer de ces réserves techniques prouvées celles qui n'appartiennent pas à l'entreprise, par exemple la redevance. Si la production du champ continue au-delà de la durée du contrat, les quantités productibles après la fin du contrat ne doivent pas être comptabilisées, puisqu'elles ne satisfont pas au critère de propriété. Enfin, chaque compagnie partenaire ne comptabilise que son pourcentage des réserves.

L'obligation de comptabiliser des réserves pour une compagnie cotée aux États-Unis – et bientôt pour une compagnie préparant ses comptes selon les normes internationales – provient donc d'une volonté de protéger l'actionnaire en évitant que la compagnie ne surestime sa richesse. Mettre ces quantités dans ses réserves ne poursuit pas d'autre but. Les « intégristes » du nationalisme pétrolier – Mexique, Iran – ont du mal à accepter cette inscription des réserves dans les comptes d'une compagnie internationale.

---

14. Les compagnies partenaires sont d'accord sur le chiffre de réserves probables, puisque c'est sur cette valeur qu'est prise la décision de développer le champ. En revanche, le chiffre de réserves prouvées varie en fonction de la prudence des compagnies, et aussi de leur besoin d'afficher de bons taux de renouvellement des réserves.

Chapitre 2

Les deux principales formes contractuelles

Les deux principales formes contractuelles utilisées dans le monde sont la concession et le contrat de partage de production. Certains pays tentent de développer le contrat de service (*voir chapitre 4*).

2.1 La concession

L'industrie pétrolière est née aux États-Unis. C'est aussi là que les premières règles de partage de la richesse du sous-sol entre celui qui la possède et celui qui l'exploite ont été mises en place.

2.1.1 Principes de la concession

Dans la plupart de l'*onshore* des États-Unis, le propriétaire du sol l'est également pour le sous-sol. En pratique, les droits de propriété des différentes ressources du sous-sol peuvent être attribués à des acteurs différents, ou au propriétaire du sol mais individualisés. Il existera un droit à l'eau souterraine, aux hydrocarbures – parfois avec une distinction entre le pétrole et le gaz –, au charbon ou à d'autres minerais.

Lorsque les premières compagnies pétrolières ont commencé à chercher du pétrole, elles sont allées rencontrer le propriétaire du sol pour obtenir l'autorisation de mener une exploration. C'est de cette manière que le régime de **concession** a été institué. Le recours à un contrat, plutôt qu'à une loi, vient de ce que l'État n'est pas immédiatement partie prenante dans l'accord. C'est par un contrat que la titulaire des droits miniers, personne privée, concède à une entreprise pétrolière le droit d'explorer et, en cas de découverte, d'extraire les hydrocarbures du sous-sol.

Dans une concession, le propriétaire du sol attribue au concessionnaire le droit d'explorer et de produire en cas de découverte. Pour obtenir ce droit, la compagnie pétrolière paye une certaine somme aux propriétaires – ce que l'on appelle aujourd'hui le **bonus de signature**. En cas d'exploration négative, la compagnie pétrolière ne reçoit aucun dédommagement. En cas d'exploration positive, c'est-à-dire d'une découverte commerciale, la compagnie pétrolière décide seule du mode de développement. Une fois les installations de production construites et à partir de la première production, le propriétaire reçoit une **redevance** proportionnelle à la production de pétrole (en volume ou en valeur). La compagnie pétrolière paye ensuite à l'État (local et/ou fédéral) un impôt sur le résultat de ses opérations. Le partage de la rente pétrolière dans les premières concessions américaines se faisait donc entre le propriétaire des droits miniers, le ou les États et la compagnie pétrolière.

Ce régime de la concession a été retenu dans l'ensemble des pays producteurs jusqu'à la création de l'OPEP[1]. Aujourd'hui, la concession reste le mode de partage préconisé dans la totalité des pays de l'OCDE, mais aussi en Algérie, en Russie ou pour certains champs du Venezuela.

La concession prévoit une redevance que le producteur versera au propriétaire des droits miniers. La redevance est un pourcentage fixe de la production, versé en volume ou en valeur. En contrepartie de ce versement, le concessionnaire peut disposer librement de la production. Il supporte seul le coût de l'exploration et décide librement de mettre en production une éventuelle découverte. Il est propriétaire des installations de production qu'il construit, ainsi que des productions après redevances. Il peut les vendre librement, mais doit s'occuper de ses impôts. Il est tenu de respecter les lois applicables.

En signant le contrat, le concessionnaire devient propriétaire des droits miniers, comme il le sera, en cas de découverte, de l'ensemble des installations de production et de transport qu'il construira, de la production après redevance et de la totalité des réserves hors redevance. À la fin de la concession, l'ensemble des installations revient à l'État sans contrepartie financière.

---

1. Organisation des pays exportateurs de pétrole.

Pour le calcul de l'impôt pétrolier, il existe des règles spécifiques, en particulier pour tout ce qui concerne l'amortissement des investissements.

2.1.2 Partage de la rente en concession

À l'extérieur des États-Unis, les ressources du sous-sol n'appartiennent pratiquement jamais au propriétaire du sol. Cela n'empêche pas le mécanisme de la redevance d'être utilisé. Elle est payée à l'État propriétaire. C'est également le cas aux États-Unis pour les propriétés fédérales, en particulier l'*offshore*[2]. Dans un régime de concession, l'État producteur obtient donc sa part de la rente de deux sources principales : d'une part, la redevance, définie comme un pourcentage de la production et, d'autre part, un impôt pétrolier dont le taux est le plus souvent supérieur au taux de l'impôt sur les sociétés de droit commun.

Le partage du revenu pétrolier se fait donc selon deux flux :
- la redevance, versée au titulaire des droits miniers, qui n'est pas un impôt, mais une taxe proportionnelle à la production ;
- l'impôt, versé à l'État, qui est calculé sur la base d'un revenu imposable multiplié par un taux d'imposition.

Taxe ou impôt ?

On réserve le terme « impôt » à un prélèvement calculé sur un résultat appelé « assiette de l'impôt ». Un impôt est défini par son taux et le mode de calcul de l'assiette (charges déductibles du revenu imposable et modalités d'amortissement des investissements).

On appelle « taxe » un prélèvement obligatoire assis sur une donnée : niveau de production (redevance), surface du permis (redevance superficiaire).

Les traités de non-double imposition ne seront jamais applicables aux taxes.

Quand l'État possède les droits miniers, il signe le contrat et reçoit la redevance. S'il possède une société nationale, ou une société de commercialisation du pétrole, il peut percevoir la redevance en nature. Il est responsable de la commercialisation de sa part du pétrole, et constate dans ses recettes le prix effectivement réalisé. Si l'État n'a pas de société pour commercialiser son pétrole, il reçoit la redevance en espèces directement de l'opérateur. La Grande-Bretagne, par exemple, a perçu ses redevances en nature jusqu'en

---

2. Dans le golfe du Mexique, le niveau des redevances est variable en fonction de l'attrait supposé du domaine minier.

1976 par attribution à la BNOC[3] de sa part. La privatisation de la BNOC a supprimé la capacité de commercialiser la part de pétrole de l'État.

Quand la redevance est payée en espèces, l'État doit vérifier que le prix auquel le pétrole a été vendu est correct. La compagnie pourrait en effet augmenter son profit en déclarant un prix inférieur à celui réalisé. La problématique du prix de transfert reste une préoccupation très importante pour les États. Le contrôle de ces prix doit être très sérieusement organisé.

Le problème du prix de transfert

Dans les années 1960, le directeur financier de la Standard Oil Company of New Jersey (devenue Exxon) pouvait répondre à un journaliste qui lui demandait où se situaient les profits de sa compagnie (dans la production, le raffinage, les stations-service) : « (…) *les profits se font ici, dans le bureau du directeur financier. Là exactement où je décide qu'ils doivent se situer.* » Cette optimisation fiscale, qui permettait aux compagnies pétrolières de sous-estimer leur revenu dans le pays producteur pour le positionner là où le taux d'imposition est le plus faible, est devenue beaucoup plus difficile à réaliser en matière pétrolière.

C'est que le prix du pétrole fait l'objet d'un marché mondial, où les prix de quelques qualités de pétrole sont donnés en temps réel. Le prix de transfert entre deux filiales du groupe pétrolier (aujourd'hui la filiale productrice et la filiale de *trading*) ne peut plus être fixé sans faire référence au prix du marché.

En Norvège (*voir ci-dessous*), le prix à retenir pour le calcul de l'impôt est fixé par une agence gouvernementale. Dans les autres pays, on ne retient le prix effectif d'une cargaison que si la transaction se fait entre deux sociétés non affiliées ; dans le cas contraire, un prix doit être approuvé par l'État.

Le problème des prix de transfert n'est pas réglé quand il n'existe pas de référence mondiale et/ou quand l'État producteur ne dispose pas de structures fortes de contrôle. L'exemple du cuivre zambien l'atteste[4].

Le problème du prix de transfert dans le gaz est plus difficile à résoudre, puisqu'il n'y a pas de référence mondiale. L'exemple de Chevron aux États-Unis en est une bonne illustration[5].

---

3. British National Oil Company.

4. Voir *Swiss Trading SA. La Suisse, le négoce et la malédiction des matières premières*, Déclaration de Berne, Éditions d'en bas, 2011.

5. www.nytimes.com/2006/11/02/business/02royalties.html

2.1.3 Exemples de calcul dans le cas d'une concession

■ *La Norvège en 2013*

En 2013, le régime de la fiscalité pétrolière norvégienne est le suivant :
- la **redevance a été supprimée** en 2005 pour tenir compte de la maturité du domaine minier norvégien ;
- il y a **deux niveaux d'impôt** sur le résultat :
  - l'impôt sur les sociétés (IS) de droit commun au taux de 28 %,
  - l'impôt pétrolier au taux de 50 %.

Les recettes sont calculées en appliquant aux quantités produites un prix fixé par une agence de l'État, le PPR (Agence du prix du pétrole[6]). Chaque impôt a son assiette spécifique. Les coûts déductibles du revenu pour le **calcul de l'IS** sont :
- les charges d'exploitation (Opex) ;
- la taxe sur le CO_2 ;
- la taxe sur les oxydes d'azote NO_x ;
- les redevances superficiaires ;
- les coûts d'abandon des installations (sous forme d'une provision) ;
- les frais financiers ;
- un amortissement des investissements de production (Capex) en linéaire sur 6 ans.

Les coûts déductibles du revenu pour le **calcul de l'impôt pétrolier** sont :
- l'IS ;
- un *uplift* de 30 % sur les Capex (soit 7,5 % par an pendant les 4 années suivant l'investissement).

La consolidation entre champs producteurs est autorisée.

> **DÉFINITION**
>
> ***Uplift*** : pourcentage forfaitaire appliqué au montant des Capex.
>
> Un *uplift* de 30 % sur un investissement de 100 M\$ vaudra 30 M\$.
>
> L'*uplift* est utilisé dans les différents régimes contractuels pour améliorer la part du contractant. Bien que certains cherchent à expliquer l'*uplift* (par exemple en y voyant la prise en compte de l'inflation dans le calcul de l'amortissement), il s'agit en pratique d'un outil à la discrétion des États. Les variations de l'*uplift* accordé aux compagnies pétrolières par l'État norvégien entre 1980 et 2012 en sont la meilleure preuve.

---

6. *Petroleumsprisrådet.*

Exemple chiffré

Soit un champ de 100 Mb. Pour le développer, la compagnie pétrolière investit 1,2 G\$. Elle produit la première année 10 Mb, et le prix fixé par le PPR est de 80 \$/b. Le calcul donne :

Volume (Mb)	10
Prix (\$/b)	80
Revenu (M\$)	800
Amortissement	200
Opex et autres charges déductibles (M\$)	210

Calcul de l'IS	
Assiette (M\$)	390
Taux	28 %
IS (M\$)	109

Calcul de l'impôt pétrolier	
Revenu après IS (M\$)	691
Uplift	90
Assiette	601
Taux	50 %
PT (M\$)	300

Cash flow après impôt	180
Impôt total (M\$)	410

Le résultat de la compagnie, après impôt, est de 180 + 200 = 380 M\$. Mais le rapport entre la part de l'État et celle de la compagnie ne traduit pas le partage de la rente, puisque l'amortissement est une récupération d'investissements passés. Pour avoir une idée plus juste, il faut regarder sur la durée de vie du champ. En supposant les profils de prix et de charges déductibles ci-après, on construit le tableau 2.1 :

TABLEAU 2.1 ■ **Calcul du partage par an sur la durée de production du champ**

Année	1	2	3	4	5	6	7	8	9	10	11	12	13	14	Total
Volume (Mb)	10	10	10	10	9	8	8	7	6	6	5	4	3	3	**100**
Prix ($/b)	80	95	110	130	100	110	125	125	125	125	125	125	125	125	
Revenu (M$)	800	950	1100	1300	900	880	1000	875	875	750	625	500	375	375	**11305**
Capex	1200														
Amortissement	200	200	200	200	200	200									
Opex et autres charges déductibles (M$)	210	221	232	243	230	214	225	207	217	195	171	144	113	119	**2741**
Calcul de l'IS															
Assiette (M$)	390	529	668	857	470	466	775	668	658	555	454	356	262	256	
Taux	28 %	28 %	28 %	28 %	28 %	28 %	28 %	28 %	28 %	28 %	28 %	28 %	28 %	28 %	
IS (M$)	109	148	187	240	132	130	217	187	184	155	127	100	73	72	**2062**
Calcul de l'impôt pétrolier															
Revenu après IS (M$)	691	802	913	1060	768	750	783	688	691	595	498	400	302	303	
Uplift	90	90	90	90											
Assiette	601	712	823	970	768	750	783	688	691	595	498	400	302	303	
Taux	50 %	50 %	50 %	50 %	50 %	50 %	50 %	50 %	50 %	50 %	50 %	50 %	50 %	50 %	
PT (M$)	300	356	411	485	384	375	392	344	345	297	249	200	151	152	**4442**
Cash-flow après impôt	180	225	269	332	154	161	166	137	129	103	78	56	38	32	**2060**
Impôt total (M$)	410	504	599	725	516	505	609	531	529	452	376	300	224	224	**6504**

Pour une production totale de 100 Mb, avec les hypothèses de prix du brut, le revenu total est de 11 305 M\$. Les sommes nécessaires à la production s'élèvent à 2 741 M\$ de charges opérationnelles (ce qui comprend des montants qui vont également abonder les caisses de l'État norvégien, comme les taxes CO_2 et NO_x et les redevances superficiaires) et 1 200 M\$ d'investissements de production. La part de l'État est de 6 503. La part de la compagnie est le montant des revenus totaux moins les investissements, les coûts et les impôts, soit 861 M\$[7]. La rente totale pour ce champ est de 7 364. L'État norvégien en récupère 88,3 % et la compagnie 11,7 %.

On peut ajouter, pour cet exemple :
- que les montants ne sont pas irréalistes car, sous des hypothèses voisines de la réalité décrite, la rentabilité de cet investissement est de 15 % ; il serait donc effectué par la plupart des entreprises ;
- que la part de la rente d'une compagnie pétrolière internationale ne sera pas réduite par un impôt sur son résultat dans le pays d'incorporation de la maison mère s'il existe un traité de non-double imposition avec la Norvège, ce qui est le cas pour la plupart des pays ;
- que si le montant des Capex augmente, la rente diminue et la proportion prise par l'État augmente. Elle devient de 90,8 % pour un investissement de 1 500 M\$ (sous-estimation de l'investissement de 25 %) et de 93,6 % pour un investissement de 1 800 M\$ (sous-estimation de l'investissement de 50 %).

■ L'Angola (concession onshore 1993)

Le régime pour l'Angola (*onshore*) comprend :
- une redevance au taux de 20 % de la production à la tête de puits ;
- deux niveaux d'impôt sur le résultat :
  - La PTT (Petroleum Transaction Tax) au taux de 70 %,
  - La PIT (Petroleum Income Tax) au taux de 65,75 %.

Les coûts déductibles du revenu pour la PTT sont :
- les Opex ;
- l'amortissement (dépréciation linéaire sur 6 ans) avec un *uplift* de 50 % ;
- une déduction forfaitaire[8] de valeur égale à 6,1 \$1993/baril indexée de 5 %/an.

---

7. C'est également la somme du *cash flow* moins l'investissement : 2061 – 1200 = 861.

8. Appelée *production allowance*.

Les coûts déductibles pour la PIT sont :
- les Opex ;
- l'amortissement avec *uplift* ;
- la redevance ;
- la PTF.

En reprenant le même champ et le même profil de prix et de coûts que pour l'exemple norvégien, on calcule[9] que le pourcentage prélevé par l'État est de 73,3 %. Il se décompose en :
- redevance : 2 261 M\$;
- PTF : 3 737 M\$;
- PIT : 992 M\$.

On constate que malgré des taux d'imposition impressionnants (70 et 65,75 %), l'État angolais prélève moins que la Norvège. Il faut toutefois ajouter que la société nationale Sonangol rentre systématiquement dans l'association en cas de découverte, avec un pourcentage de 41 % (auparavant, 49 ou 51 % au choix de l'Angola). Nous verrons plus loin les conséquences de ce droit d'entrée sur le partage de la rente.

La déduction forfaitaire est assez fréquemment utilisée, sous des appellations diverses (en France, il y a eu longtemps une provision pour reconstitution de gisement). C'est, comme l'*uplift*, un élément contractuel à la disposition de l'État pour améliorer la rentabilité pour le contractant. Dans l'exercice 2 figure la déduction forfaitaire existant actuellement en Grande-Bretagne.

2.2 Le contrat de partage de production (CPP)

Le contrat de partage de production a été inventé par l'OPEP, créée en janvier 1961 par des pays producteurs d'hydrocarbures qui voyaient diminuer leurs revenus. Cette lente érosion du prix résultait, d'une part, de l'accord d'Achnacarry et, d'autre part, de la concurrence de l'électricité nucléaire aux États-Unis dans la génération électrique. Pour rester compétitifs, les raffineurs proposaient aux centrales électriques le fioul lourd à des prix de plus en plus bas, ce qui se répercutait sur le prix qu'ils étaient prêts à payer pour le pétrole brut. Comme l'accord d'Achnacarry prévoyait que le prix du pétrole serait fixé au prix d'entrée d'une raffinerie située aux États-Unis, le pays producteur, après avoir retiré le coût du transport, voyait fondre son prix de vente à l'exportation.

---

9. Le tableau des calculs est en annexe, page 176.

L'objectif premier de l'OPEP était d'augmenter les revenus pétroliers des pays membres. Un objectif associé affiché par l'OPEP dans sa charte de janvier 1961 était d'unifier les rythmes de production par un mécanisme de quotas[10]. À côté de ces objectifs de revenus, l'OPEP a souhaité confirmer que les États étaient propriétaires de leurs ressources pétrolières et gazières. C'est donc à eux que devait revenir le contrôle des mises en production de leurs ressources en hydrocarbures. Cet objectif a conduit à la création du contrat de partage de production.

2.2.1 Propriété des ressources du sous-sol

L'objectif de propriété des ressources du sous-sol a emprunté, selon les pays, trois voies différentes. La première a été la nationalisation des compagnies internationales travaillant dans le pays, comme en Algérie en 1971 et en Libye et en Irak en 1972. Les compagnies internationales étaient instantanément transformées en compagnies nationales : la Sonatrach en Algérie, la National Oil Corporation en Libye et l'INOC en Irak. La deuxième voie a consisté à créer des compagnies nationales, qui ont ensuite pris des participations de manière progressive dans les permis d'exploration-production. C'est ce qui s'est passé par exemple au Koweït et au Nigéria. La troisième voie a été le recours à un mécanisme contractuel nouveau : le contrat de partage de production.

Dans un contrat de partage de production, l'État reste propriétaire de tout et intervient dans les décisions importantes, en particulier les déclarations de commercialité d'une découverte et le schéma de développement des champs. Pour pouvoir appliquer le système des quotas, il fallait que l'État puisse contrôler les rythmes de production, mais le contrat de partage de production allait bien au-delà. Il visait à contrôler le rythme de mise en production des réserves du pays en fonction de ses besoins budgétaires et de son choix de gestion de ses ressources non renouvelables.

La présentation du contrat de partage de production laissait entendre que la concession ne permet pas à l'État d'exercer un contrôle sur les opérations. En fait, ce n'est pas une caractéristique intrinsèque du régime de concession ; si l'État n'exerce aucun contrôle, c'est qu'il ne le souhaite pas. La Norvège applique un système de concession, et l'État norvégien intervient de manière extrêmement attentive dans l'ensemble des décisions que prennent les compagnies opératrices.

---

10. Reprenant à leur compte un autre élément de l'accord d'Achnacarry, la limitation de la production aux puits.

2.2.2 Principe du contrat de partage de production

Le contrat de partage de production, comme la concession, autorise en exclusivité le contractant à conduire à son propre risque des travaux d'exploration sur un domaine minier. Comme pour une concession, le contractant supporte l'intégralité du risque exploration et n'a droit à aucun remboursement en cas d'exploration sèche. En cas d'exploration positive, il peut développer et produire les hydrocarbures découverts.

À l'inverse de la concession, l'État ou son représentant reste propriétaire des droits miniers, des réserves et des productions futures. Il devient propriétaire des installations dès leur construction. Le contractant a droit à une partie de la production, mais l'État demeure propriétaire des réserves.

Le contractant obtient le droit minier en payant un bonus et en prenant des engagements de travaux. À la signature du contrat, il se fait attribuer une licence d'exploration. Il finance et conduit alors l'exploration. En cas de découverte, il effectue son appréciation. Si la découverte est commerciale, la licence d'exploration est transformée en licence d'exploitation sur la zone de développement. Le contractant développe alors la découverte et la met en production.

Un contrat de partage de production peut inclure une option de participation de l'État.

La production sert à récupérer les coûts passés et à dégager des profits. En cas de découverte commerciale, le contractant reçoit une part de la production d'hydrocarbures, en remboursement de ses dépenses. La partie de la production qui sert à rembourser les coûts est appelée *cost oil*. Le reste de la production, appelé *profit oil*, est partagé entre le contractant et l'État. C'est la raison pour laquelle on parle de partage de production, et non de partage du profit comme dans une concession.

La différence fondamentale avec la concession, sur laquelle insiste l'inventeur du CPP, est l'affirmation de la propriété de l'État sur tout ce que le contractant peut découvrir, acheter, construire et produire. La pratique montre le caractère très formel de cette propriété. Si le contractant achète des camions pour la conduite de ses opérations pétrolières, il a le droit de les utiliser sans payer de location à l'État propriétaire. Il aura le devoir de les entretenir et de les assurer. Ce qui est vrai pour les camions l'est également pour les installations de production, les bases industrielles et les terminaux d'exportation du pétrole. À la fin du contrat, les installations dans leur ensemble, comme dans une concession, reviennent à l'État (si le champ est encore en production), qui peut en user comme bon lui semble.

2.2.3 Exemple de fonctionnement d'un CPP sur un an

Soit le contrat de partage de production suivant : *cost stop* = 50 % de la production brute.

Ordre de récupération :
1. Opex ;
2. Exploration ;
3. Développement.

La production restant après redevance et récupération des coûts constitue le *profit oil*.

Partage du *profit oil* :
- État = 60 % ;
- groupe contractant = 40 %.

Soit les chiffres de l'année 2013 :
- production annuelle = 2 Mb ;
- Opex annuels = 4 M$;
- exploration restant à récupérer = 5 M$;
- développement restant à récupérer = 80 M$.

Le calcul est présenté dans le tableau 2.2, pour deux valeurs de prix contractuel du pétrole (100 $/b et 80 $/b). Il se fait par étapes, selon les termes du contrat :
- étape 1 : calcul du *cost oil*. C'est là qu'intervient le *cost stop*, limite à la quantité de la production que l'on peut utiliser pour récupérer les coûts ;
- étape 2 : récupération des coûts. On les présente dans l'ordre spécifié par le contrat. Il faut transformer les dollars en barils à l'aide du prix contractuel. La totalité des coûts peut être récupérée si le pétrole est à 100 $/b, mais non pour le pétrole à 80 $/b. Dans ce cas, par rapport au prix plus élevé, la récupération des Opex exige 10 000 barils de plus, celle de l'exploration 12 500 barils de plus, ce qui laisse moins que le million de barils nécessaire pour récupérer les Capex de développement. La récupération est limitée au total du *cost oil* disponible, soit 50 % de la production.

TABLEAU 2.2 ■ Calcul du *profit oil* pour deux valeurs de prix contractuel du pétrole (100 $/b et 80 $/b)

		État	Contractant		État	Contractant
Production brute (b)	2 000 000			2 000 000		
Cost stop	50 %			50 %		
Cost oil disponible (b)	1 000 000			1 000 000		
Prix du brut ($/b)	100			80		
Opex en $	4 000 000			4 000 000		
Opex en baril	40 000		40 000	50 000		50 000
Cost stop restant après Opex (b)	960 000			950 000		
Exploration en $	5 000 000			5 000 000		
Exploration en b	50 000		50 000	62 500		62 500
Cost stop restant après Opex et exploration (b)	910 000			887 500		
Développement en $	80 000 000			80 000 000		
Développement en baril	800 000			1 000 000		
Développement récupéré (b)	800 000		800 000	887 500		887 500
Report en avant : développement en baril	0			112 500		
Report en avant : développement en $	0			9 000 000		
Profit oil (b)	1 110 000	666 000	444 000	1 000 000	600 000	400 000
Part de la production en baril	2 000 000	666 000	1 334 000	2 000 000	600 000	1 400 000
Part de la production en %		33 %	67 %		30 %	70 %

Remarque 1 : l'existence d'un *cost stop* a le même résultat pratique que la redevance, c'est-à-dire assurer à l'État qu'il disposera, dès les premières années du contrat, d'une part non nulle de la production. Dans l'exemple, un *cost stop* de 50 % combiné à un partage du *profit oil* de 60 % donne le même résultat qu'une redevance de 30 %. Cela n'empêche pas certains contrats de partage de production de comporter une redevance[11].

Remarque 2 : la part de profit de l'État est de 60 % contre 40 % pour le contractant. Mais sa part de la production n'est que de 30 à 33 %, soit nettement moins que sa part du profit. C'est l'effet de la récupération des coûts.

FIGURE 2.1 ■ **Recouvrements des coûts et *cost stop***

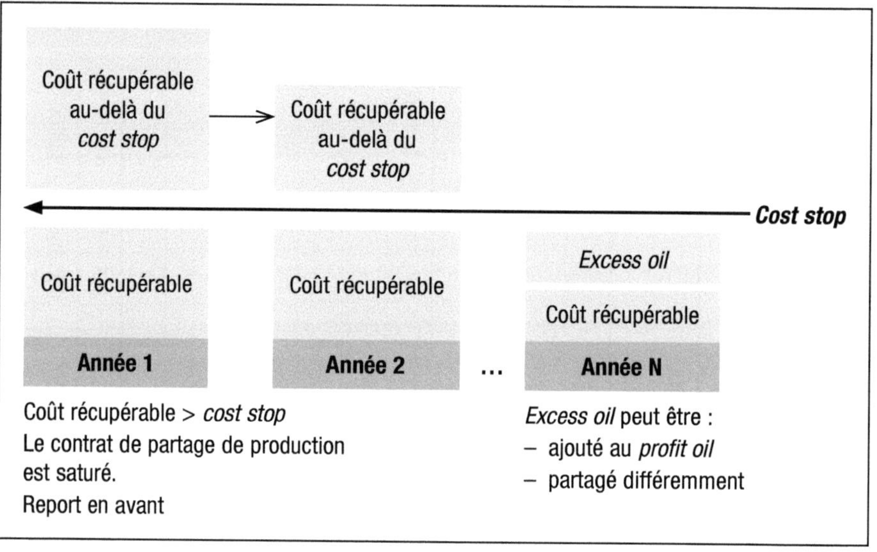

VOCABULAIRE

Un contrat de partage de production qui utilise la totalité du *cost oil* disponible est dit « **saturé** ».

Lorsque les coûts récupérables sont inférieurs au *cost oil* disponible, le contrat est « **désaturé** ».

On appelle ***excess oil*** la différence entre le *cost oil* utilisable et le *cost oil* effectivement utilisé (donc en phase de désaturation du contrat). Dans certains contrats, les règles de partage de l'*excess oil* sont différentes de celles du *profit oil* (part plus grande pour l'État, pouvant aller dans certains contrats jusqu'à 100 %). La plupart du temps, l'*excess oil* est simplement rajouté au *profit oil*.

---

11. Cette redondance s'explique le plus souvent par une mauvaise compréhension du fonctionnement du contrat. Dans certains cas, la redevance est versée à un compte du Trésor public tandis que le *profit oil* est collecté par la compagnie nationale.

2.2.4 Coûts récupérables et réserves

Le contrat de partage de production doit prévoir la manière dont seront récupérés les Capex de développement. Comme pour une concession, le rythme de récupération aura un impact sur la rentabilité globale de l'investissement pour le contractant. Un *uplift* peut aussi être introduit.

Le contractant ne possède ni les réserves ni la production, qui appartiennent à l'État depuis le réservoir jusqu'au stockage du terminal d'exportation en passant par la tête de puits. Mais il a des **droits à huile**, dont la provenance est double : son *cost oil* et sa part du *profit oil*. Le transfert formel de propriété se fait au moment du chargement du *tanker*, mais l'opérateur suit les droits à huile de chacun (partenaires et État). La SEC américaine autorise la comptabilisation de ces barils dans les réserves des compagnies puisqu'ils satisfont aux trois critères de comptabilisation : existence physique, existence d'un droit sur ces quantités et participation à la production.

Comme nous l'avons vu dans l'exemple précédent (*tableau 2.2*), le partage du *profit oil* se fait en volume, et les parts respectives sont définies en barils. Le remboursement des coûts se fait également par l'attribution de barils de pétrole. Il est donc fonction du prix du baril au moment du remboursement. Le contrat doit définir le prix du brut à retenir pour la transformation. Le nombre de barils nécessaires au remboursement varie avec le prix du brut.

TABLEAU 2.3 ▪ **Exemple de gestion d'un compte de coûts récupérables[12] (septembre 2012)**

Total des coûts récupérables au 31/08/2012	**242 557 613,63**
dont investissements de développement	215 367 921,34
dont investissements d'exploration	27 189 692,29

Production mois de septembre 2012 (42 412 b/j x 30 jours)	1 272 360,00
Prix de vente moyen du baril en $/b	59,81
Recettes totales	76 099 851,60

Cost oil disponible pour la récupération	38 049 925,80

---

12. Ordre de récupération : Opex, puis Capex de développement, puis exploration.

Coûts récupérables du mois		
Opex		3 835 657,18
Capex développement nouveaux	6 980 936,80	
Capex développement report en avant	215 367 921,34	
Capex récupérable total		222 348 858,14
Exploration du mois	1 762 148,33	
Exploration report en avant	27 189 692,29	
Exploration récupérable		28 951 840,62

Coûts récupérés du mois		
Opex		3 835 657,18
Capex développement		34 214 268,62
Exploration récupérable		0

Total des coûts récupérables au 30/09/2012	**217 086 430,14**
dont investissements de développement	188 134 589,52
dont investissements d'exploration	28 951 840,62

2.2.5 Deux exemples de CPP

Le premier exemple, plus détaillé, montre que le contrat de partage de production couvre les mêmes questions que le contrat de concession (durées, licence d'exploitation, règles d'amortissement-récupération des Capex, partage du *cash flow*, autres obligations). Le second exemple, dont seules les clauses liées à la récupération et au partage sont présentées, présente de façon quasi caricaturale un contrat excessivement favorable au contractant.

- ■ *Un contrat de partage de production traditionnel (milieu des années 1980) : l'Angola*
  - Ce type de contrat s'applique à des blocs *offshore* de 4 000 à 5 000 km².
  - La durée de la période d'exploration est de 3 ans, renouvelable deux fois une année, puis encore deux fois 6 mois, soit un total possible de 6 ans.
  - La durée de la période de production est de 20 ans à compter de la date de la découverte. Il n'y a pas de rendu obligatoire pendant les

périodes d'exploration. À la fin de la période d'exploration, la totalité du permis est rendue à l'État, à l'exception des surfaces de développement. Ces surfaces comprennent les découvertes commerciales.

- Les compagnies payent un **bonus de signature** et prennent des engagements d'exploration.

Conoco, qui a signé son contrat avant l'effondrement du prix en 1986, a versé un bonus de signature de 60 M$ et s'est engagé à acquérir 4 000 km de sismique et à forer six puits d'exploration. Total, qui a signé son contrat après l'effondrement du prix, n'a dû payer que 9 M$ et s'engager à tirer une quantité non définie de sismique et à forer deux puits d'exploration. Cela illustre un élément important du partage de la rente : le type de contrat ne donne pas à l'État une part plus ou moins importante, c'est le moment de la négociation qui compte. Quand le prix est élevé et que la concurrence entre les compagnies est forte, les États sont dans des positions de négociation plus favorables. Quand le prix est bas et que les compagnies manquent de *cash flow*, la concurrence est plus réduite et la position de négociation des États est beaucoup moins favorable.

Les attributions de domaine minier angolais dans la décennie suivante ont apporté à l'État des bonus plus élevés, compris entre 360 et 520 M$ par bloc. Cette augmentation importante des coûts d'accès au domaine minier angolais n'est pas due à une hausse du prix du pétrole, mais aux découvertes significatives qui ont été faites dans les blocs précédemment attribués en *offshore* angolais, prouvant ainsi l'existence d'un système pétrolier et rendant le pays plus attractif. Par ailleurs, les géologues ont raisonné par analogie avec le sous-sol brésilien de l'autre côté de l'Atlantique où de très belles découvertes avaient été faites. Ces deux parties du monde étaient en effet imbriquées avant que les plaques continentales n'entament leur dérive.

- La **redevance superficiaire** est de 300 $/km² pour les aires de développement. Il ne s'agit donc pas de l'essentiel des recettes pétrolières.
- Il n'y a pas de **redevance**.
- Le *cost stop* est fixé à 50 %.
- **Récupération** des coûts passés : les Opex sont récupérables dans l'année, les Capex de développement le sont en linéaire sur 5 ans avec un *uplift* de 40 %. Les dépenses d'exploration sont passées en charge et récupérées quand il y a de la place.
- Le partage du *profit oil* varie en fonction du niveau de la production (tableau 2.4).

TABLEAU 2.4 ▪ **Variation du partage du *profit oil* en fonction
du niveau de la production**

Production journalière (b/j)	Part de l'État (%)	Part du contractant (%)
Inférieure à 25 000	40 à 50 selon contrats	50 à 60
Entre 25 000 et 50 000	70	30
Entre 50 000 et 100 000	80	20
Supérieure à 100 000	90	10

Le contractant obtient un quitus fiscal pour un impôt au taux de 50 % réputé payé par la Sonangol et peut avoir à alimenter le marché domestique jusqu'à hauteur de 40 % de sa production. Si le gouvernement angolais fait jouer cette obligation, il s'engage à la répartir entre l'ensemble des associations travaillant dans le pays au prorata de leur production et à hauteur de ses besoins.

Sonangol : l'État angolais rentre à hauteur de 49 ou 51 % dans les premiers contrats. Par la suite, ce pourcentage est ramené autour de 20 %.

Contrat angolais modèle 2008 pour l'*offshore* très profond (Blocs 46, 47 et 48)

Sonangol représente l'État. Sonangol P&P[13], sa filiale, intervient comme partenaire. Le brut de l'État angolais provient de la part de Sonangol comme représentant de l'État (*profit oil*) et de la part de Sonangol P&P comme partenaire.

La durée de la période initiale d'exploration est 5 ans, renouvelable pour 3 ans.

La durée de la période d'exploitation est 25 ans.

Le *cost stop* est 50 %. L'*uplift* est de 20 %.

Le partage du *profit oil* varie en fonction de la rentabilité selon les modalités suivantes :

IRR %	Sonangol (c'est-à-dire l'État)
< 10 %	30 %
10 %-12,5 %	45 %
12,5 %-17,5 %	55 %
17,5 %-20 %	70 %
> 20 %	80 %

---

13. Pesquisa e Produção.

Sonangol P&P entre à hauteur de 20 % en cas de découverte. 20 % des coûts d'exploration sont alors récupérables par le contractant sur la part de *cost oil* de Sonangol P&P.

Remarque : la récupération du portage de Sonangol P&P uniquement sur sa part de *cost oil* est plus contraignante qu'une récupération sur sa part de brut (*cost oil* + *profit oil*).

■ ***Un mauvais contrat de partage de production :
le contrat de Sakhalin II (Russie)***

Il s'agit de développer trois champs de gaz pour alimenter une usine de liquéfaction de gaz, à construire, qui alimentera le marché japonais. L'opérateur est Shell.

Bonus :
- il n'y a pas de bonus de signature ;
- un bonus de 15 M$ est payé à la ratification du contrat par le Parlement russe ;
- un bonus de 15 M$ de dollars est payé au début du développement du champ de Piltun-Astokhskoye ;
- un bonus de 20 M$ est payé au début du développement du champ de Lunskoye.

Il n'y a pas de redevance superficiaire.

Récupération des coûts :
- tous les coûts (Opex et Capex) sont récupérables dès qu'ils sont engagés ;
- il n'y a pas de *cost stop*.

Le partage du *profit oil* varie en fonction de la rentabilité du développement pour l'opérateur :
- pour une rentabilité inférieure à 17,5 %, la part de l'État est de 10 % ;
- pour une rentabilité comprise entre 17,5 % et 24 %, la part de l'État est de 50 % ;
- pour une rentabilité supérieure à 24 %, la part de l'État est de 70 %.

Il n'y a pas de participation d'une compagnie nationale.

Le contractant doit verser 180 M$ en remboursement des dépenses d'exploration passées payées par l'URSS. Ces versements se feront au rythme de 4 M$ par trimestre dès que le partage du *profit oil* deviendra 70/30 en faveur de l'État (c'est-à-dire après que l'opérateur aura obtenu une rentabilité de 24 %). Ces versements seront instantanément récupérables.

Un impôt sur le résultat est dû au taux de 35 %. Pour son assiette, tous les coûts sont déductibles du revenu, y compris les coûts récupérables et les bonus. Les Capex sont amortis en linéaire sur 3 ans. Il y a un report en avant de 15 ans.

Analyse

À l'exception de ce contrat, tous les contrats de partage de production depuis les années 1980 ont une clause de *cost stop*. Les conseillers américains de la Russie de Boris Eltsine ont totalement oublié d'introduire cette clause lors de la négociation. On peut excuser Vladimir Poutine, quand il prit connaissance du détail du contrat, d'avoir pensé que le but réel des conseillers avait été d'affaiblir le plus longtemps possible la Russie en diminuant ses recettes pétrolières. Le coût du développement initial du projet de Sakhalin avait été estimé à 3 G$. Au prix du gaz existant à l'arrivée de Vladimir Poutine, cela se traduisait par 3 à 4 années sans recette pour la Russie, puisque la récupération des coûts aurait utilisé la totalité de la production. Pour renégocier le contrat, Poutine a traité le doublement du coût du développement par rapport au budget comme une rupture du contrat. Lors de la renégociation, la Russie n'a pas retenu d'introduire un *cost stop* ; elle a préféré faire entrer Gazprom à hauteur de 50 % plus une action dans ce développement de gaz liquéfié.

Les conseillers du gouvernement russe n'ont pas été très doués pour défendre les intérêts de l'État. D'une manière générale, il n'est jamais bon d'abuser de la faiblesse d'un État dans une négociation[14], car la durée de vie du contrat est d'une trentaine d'années en cas de découverte. Même l'État le plus néophyte a largement le temps de s'apercevoir que son interlocuteur s'est comporté de manière peu éthique. Ici, l'absence de *cost stop* fait que l'État voit très vite qu'il ne perçoit aucun *profit oil* dans les premières années.

2.2.6 Exemple chiffré

On reprend le même champ que celui étudié pour la concession norvégienne.

Les paramètres du contrat de partage de production sont :

- Capex récupérés en linéaire sur 6 ans ;
- *cost stop* de 50 % ;
- partage du *profit oil* selon le ratio R = Revenus cumulés/Capex cumulés.

Valeur de R	Part de l'État
R < 1	50 %
1 < R < 1,5	60 %
1,5 < R < 2	70 %
2 < R < 2,5	80 %
R > 2,5	90 %

Le calcul donne : voir le tableau 2.5.

---

14. Cela ne veut pas dire qu'il ne faut pas défendre ses positions face à des négociateurs d'État compétents et professionnels.

TABLEAU 2.5 ■ Calcul du partage par an sur la durée de production du champ

Année	1	2	3	4	5	6	7	8	9	10	11	12	13	14	
Volume (Mb)	10	10	10	10	9	8	8	7	6	6	5	4	3	3	**100**
Prix ($/b)	80	95	110	130	100	110	125	125	125	125	125	125	125	125	
Revenu (M$)	800	950	1 100	1 300	900	880	1 000	875	875	750	625	500	375	375	**11 305**
Capex	1 200														**1 200**
Amortissement	200	200	200	200	200	200									
Opex (M$)	210	221	232	243	230	214	225	207	217	195	171	144	113	119	**2 741**
Coûts récupérables	410	431	432	443	430	414	225	207	217	195	171	144	113	119	
Cost stop 50 %	400	475	550	650	450	440	500	438	438	375	313	250	188	188	
Report en avant	10														
***Cost oil* contractant**	**400**	431	432	443	430	414	225	207	217	195	171	144	113	119	**3 941**
Profit oil	**400**	**519**	**668**	**857**	**470**	**466**	**775**	**668**	**658**	**555**	**454**	**356**	**262**	**256**	**7 364**
Revenus cumulés contractant	600	1 239	1 871	2 485	3 009	3 470	3 773	4 046	4 329	4 580	4 796	4 976	5 115	5 259	
R	0,50	1,03	1,56	2,07	2,51	2,89	3,14	3,37	3,61	3,82	4,00	4,15	4,26	4,38	
Part *profit oil* État	50 %	60 %	70 %	80 %	80 %	90 %	90 %	90 %	90 %	90 %	90 %	90 %	90 %	90 %	
Profit oil contractant	200	208	200	171	94	47	78	67	66	56	45	36	26	26	**1 318**
Profit oil État	200	311	468	686	376	419	698	601	592	500	408,6	320	236	230	**6 046**

La part de l'État dans le partage de la rente est 82,1 %[15]. La principale différence avec la concession réside dans le partage du baril. La totalité des coûts est récupérable, ce qui utilise 35 % du revenu total. Si le coût du développement est de 1 800 M$, la part de l'État dans la rente change peu (82,2 %). En revanche, elle baisse en valeur absolue à 5 529 M$.

Le calcul des réserves se fait chaque année en fonction des droits calculés. Dans l'exemple ci-dessus, le profil des réserves s'établit de la manière suivante (en Mb) :

TABLEAU 2.6 ▪ **Profil des réserves enregistrables par année**

Année	1	2	3	4	5	6	7	8	9	10	11	12	13	14
Réserves	58	44	33	24	24	18	13	11	8	6	4	3	1	0
Réserves ex *cost oil*	44	33	24	17	18	13	9	8	6	4	3	2	1	0
Réserves ex *profit oil*	14	11	9	7	6	5	4	3	2	2	1	1	0	0

Les droits à huile du contractant l'autorisent à enregistrer dans ses réserves 58 % des réserves techniques de 100 Mb. Si le coût du développement est de 1 800 M$, le total des réserves devient 64 Mb (les réserves provenant du *cost oil* augmentant à 52 Mb, tandis que celles provenant du *profit oil* baissent à 12 Mb). Il s'agit d'un des effets inattendus par le concepteur du contrat de partage de production (*voir chapitre 4*).

Dans cet exemple, le *cost stop* ne joue que la première année. Dès la deuxième année, l'augmentation des prix du pétrole rend le montant utilisable pour la récupération supérieur aux coûts récupérables. Le contrat est alors désaturé.

Les exercices 6 à 11 en fin de l'ouvrage présentent des formules un peu plus complexes de récupération des coûts et de partage du *profit oil*.

---

15. Dans un CPP, la rente s'identifie au *profit oil*.

Chapitre 3

Organisation pour
un État producteur

3.1 Comment devient-on un État pétrolier?

Le plus souvent, un État ne peut décider lui-même qu'il va devenir producteur de pétrole. Ce sont des experts étrangers qui estiment probable la présence d'hydrocarbures dans le sous-sol d'un État. Par exemple, l'USGS[1] travaille de manière statistique et déclare à intervalles réguliers qu'il y a des quantités considérables de gaz en Pologne ou de pétrole au-delà du cercle polaire. Jusqu'à maintenant, ces estimations ont surtout servi à construire des scénarios géopolitiques ; elles n'ont pas permis de découvrir d'hydrocarbures en quantité commerciale.

Ceux qui ont plus de chances de voir leurs analyses transformées en véritables productions sont les experts géologues des compagnies pétrolières. Ils étudient la planète et utilisent de nombreuses techniques – dont la combinaison s'apparente plutôt à un art – pour décider de la présence possible d'hydrocarbures dans le sous-sol d'un État. Ces techniques reposent sur les hypothèses retenues pour expliquer la formation des hydrocarbures[2], sur les données existantes et sur des raisonnements analogiques à l'échelle du globe. C'est de cette manière que la compagnie pétrolière Tullow a réalisé de belles découvertes dans des pays qui n'avaient jusqu'alors pas intéressé les autres compagnies. Dans ce cas, un

---

1. US Geological Survey.

2. Présence d'un bassin sédimentaire, existence d'un système pétrolier prouvé dans la région, etc. (*voir chapitre 1*).

négociateur de la compagnie prend contact avec l'État non encore pétrolier et négocie les conditions contractuelles de l'exploration-production.

Un État qui ne dispose pas d'hydrocarbures prouvés dans son sous-sol ne peut, en général, prétendre à un partage qui lui soit très favorable. Il peut toutefois faire appel à des experts qui l'aideront à mettre en place un code minier – ou tout autre système contractuel – qui réglera les modalités d'intervention d'une compagnie internationale, afin que les conditions de partage de la rente éventuelle lui soient aussi favorables que possible, en fonction de son – absence de – potentiel. Si l'expert est américain, le pays sera doté d'un régime de concession. S'il est plutôt dans la mouvance de l'OPEP, il se retrouvera en régime de partage de production[3].

Dans les deux cas, le partage de la rente doit tenir compte du risque exploration plus élevé tant qu'un système pétrolier n'a pas encore été prouvé. La part de la production éventuelle qui sera allouée à la compagnie sera plus importante qu'elle ne le serait si des hydrocarbures avaient déjà été découverts. En revanche, l'État non pétrolier doit se garder d'attribuer une part trop importante de son domaine minier. Les autres blocs prendront en effet de la valeur en cas de découverte, et il pourra ainsi obtenir des conditions plus favorables pour les offres suivantes.

Une fois la découverte effectuée, le domaine minier de l'État devient immédiatement attractif pour les autres compagnies. L'État peut alors proposer aux enchères des licences d'exploration-production avec des conditions contractuelles qui lui sont plus favorables. Les compagnies en concurrence calculeront le montant de leur offre en fonction de paramètres techniques encore très incertains, puisque peu de données sont disponibles dans le nouveau pays. La probabilité d'une découverte est toutefois un peu supérieure à celle de l'exploration frontière.

Un État qui n'a pas beaucoup de pétrole découvert dans son sous-sol doit plutôt demander dans son appel d'offres des **engagements de travaux**. Plus il y aura de puits forés dans son sous-sol et plus il y aura de chances de rencontrer du pétrole. Toutefois, les États préfèrent souvent demander un bonus de signature. Celui qui offre le bonus le plus élevé obtient le bloc.

---

3. Si l'expert n'est ni l'un ni l'autre, le choix pourra se faire selon certaines considérations (*voir chapitre 5*).

L'expérience montre que le montant des bonus que les compagnies sont prêtes à verser pour obtenir du domaine minier est directement proportionnel à la quantité d'hydrocarbures qui a déjà été découverte dans le voisinage. Les bonus qui ont été payés en 1991 pour les blocs 14, 15, 16 et 17 en Angola avaient, à l'époque, été considérés comme très élevés. Ils étaient compris entre 360 et 520 M$. Les rendus[4] de ces blocs ont été remis en vente en 2010 et l'offre gagnante pour ces derniers tournait autour de 1 G$ par bloc.

Le montant des bonus dépend aussi de la taille du bloc. Les blocs mentionnés en Angola avaient une superficie de 4 000 à 5 000 km². Les blocs mis aux enchères dans le golfe du Mexique ont une superficie de 23 km². Dans l'enchère de 2010[5], la vente de 468 blocs a rapporté 950 M$ à l'État fédéral. Le montant le plus élevé pour un seul bloc a été 52,6 M$ (bloc Walker Ridge/793, attribué à une association Anadarko [opérateur] et Mariner Energy).

Une découverte dans un État voisin peut pousser un pays à proposer du domaine minier. C'est ce qui s'est passé en juillet 2012. La Tanzanie a offert des licences d'exploration dans la continuité géologique des hydrocarbures dont la présence venait d'être prouvée au Mozambique.

Il doit y avoir une cohérence entre les demandes d'un État et l'attrait de son domaine minier. Depuis que le pétrole est de plus en plus difficile à trouver, et que son prix dépasse 80 à 100 $ le baril, la concurrence entre les compagnies est très vive et les États se retrouvent dans des positions de négociation plus favorables. Il leur faut tout de même raison garder. Un pays où aucun hydrocarbure n'a été découvert ne peut pas demander des conditions trop avantageuses. À l'inverse, l'Irak, dont les réserves sont depuis longtemps prouvées en grandes quantités, a pu obtenir des compagnies des conditions contractuelles qui lui sont extrêmement favorables pour ses deux premiers appels d'offres.

On peut noter à cet égard qu'il existe une faille dans le raisonnement des compagnies, faille qui s'est manifestée en Chine, en Russie et en Iran dans les années 1980 et 1990, et très récemment en Irak, et qui consiste à dire : « Je sais que les conditions contractuelles sont défavorables et qu'il

---

4. C'est-à-dire les blocs précédemment attribués moins les zones de développement attribuées à l'issue de la première période d'exploration.
5. Dernière enchère avant la catastrophe de Macondo.

est peu probable que cet investissement m'apporte les rentabilités attendues par mes actionnaires. Mais je les accepte pour être présent dans le pays au moment où la situation contractuelle deviendra plus favorable. » Ainsi, les États ne voient pas pourquoi ils devraient proposer des conditions plus avantageuses dans la mesure où il y a suffisamment de compagnies qui acceptent les conditions les plus dures. Ce n'est qu'en voyant, au fil du temps, les compagnies quitter le pays que le besoin de réviser les termes contractuels devient évident. C'est ce qui s'est produit en Malaisie au début des années 1990. C'est ce qui est en train de se passer en Irak pour l'exploration.

3.2 Modalités d'intervention d'un État pétrolier

Un État qui possède des hydrocarbures dans son sous-sol peut choisir parmi deux voies pour les découvrir et les produire. Il peut décider de tout faire par lui-même à l'aide d'une compagnie nationale qui sera seule habilitée à explorer et à produire des hydrocarbures provenant de son sous-sol. L'autre option est de faire appel à des compagnies internationales. L'État doit, dans ce cas, définir les modalités de partage des risques et des rémunérations.

Le choix entre l'une ou l'autre des options dépend avant tout du degré de nationalisme pétrolier. Les quelques pays qui interdisent totalement l'accès à leur domaine minier aux compagnies internationales sont des pays où le pétrole a été découvert et développé par des compagnies américaines : Mexique, Arabie saoudite et Koweït. Les compagnies nationales ont été construites par la nationalisation. Les autres pays qui étaient déjà producteurs au moment de la création de l'OPEP se sont posé la question. Certains se sont alors fermés aux compagnies internationales. Ceux qui, par la suite, se sont rouverts l'ont fait sur la base de considérations techniques et financières.

Les compagnies nationales de pays producteurs peuvent avoir accès aux techniques les plus avancées en faisant appel aux mêmes sous-traitants que les compagnies internationales. Mais la maîtrise d'ouvrage se situe dans les compagnies internationales : problématique de la décision d'exploration, optimalité du programme d'appréciation d'une découverte, définition des grandes options de projets et maîtrise des calendriers et budgets. Les plus grandes compagnies internationales développent en interne les techniques et les savoir-faire qui leur permettent de conserver une avance de quelques années sur la concurrence[6] : accès à des techniques plus performantes, construction d'un portefeuille d'exploration, sécurité des opérations, politiques d'approvisionnement et de sous-traitance. Au-delà de la prise en charge du risque exploration, l'apport des compagnies internationales au financement se traduit par la modernisation du système bancaire du pays et l'arrivée dans leur sillage de banques commerciales.

Dans les pays du golfe Arabo-persique, par exemple, la compagnie Total a fait comprendre, dans les années 80, aux banques françaises – et à leur comité d'investissement – qu'elles surestimaient considérablement le risque pays, notamment politique.

Le choix du rôle et des modalités d'intervention de la compagnie nationale repose également sur des considérations démographiques. La volonté de faire passer sa compagnie nationale du statut de partenaire à celui d'opérateur dans le pays doit s'appuyer sur un programme de formation des jeunes. Le contrat peut exiger des quotas d'embauches locales, mais cette exigence ne peut être satisfaite si l'État n'a pas pris les dispositions nécessaires pour assurer la formation initiale des professionnels nationaux qualifiés. Il s'agit là d'orientations à moyen terme qui requièrent une continuité dans les politiques et les budgets. Il en va de même pour les clauses de transfert de technologie et de contenu local des contrats de sous-traitance. Tout repose sur la volonté réelle de l'État de se doter d'une politique pétrolière et d'un outil pour la mettre en œuvre.

Certains États – les plus corrompus – écrivent de telles clauses dans leurs contrats, mais se contentent d'un paiement pour libérer le contractant de son obligation.

Un État qui fait appel à des compagnies internationales pour mener l'exploration doit également prévoir leurs droits à développer une éventuelle découverte et les conditions du partage de la rente pétrolière issue de la découverte commerciale. Nous avons vu, au chapitre 2, les formes contractuelles auxquelles un État peut recourir. L'organisation du secteur dépendra du choix contractuel.

---

6. Traitement du signal pour l'interprétation de la sismique sous le sel par exemple.

Ce que recherche une compagnie pétrolière internationale

Dans la construction de son système contractuel, l'État doit comprendre les attentes des compagnies pétrolières internationales. Certaines mesures ne coûtent rien à l'État, mais sont favorables aux compagnies. Elles constituent de bons atouts dans les négociations, puisque l'État peut les échanger contre des clauses qui améliorent sa position.

Une compagnie recherche :
– des réserves ;
– de la production ;
– de la rentabilité pour ses investissements.

La négociation sur la rentabilité est directement liée au partage de la rente pétrolière. Il y a des différences de perspective entre État et compagnie sur ces questions de rentabilité. Les compagnies préfèrent récupérer leur mise le plus vite possible (car elles travaillent en monnaie actualisée) et l'État pourra jouer sur la vitesse de récupération des Capex (niveau du *cost stop*, étalement dans le temps de l'amortissement des Capex, *uplift*). Un quitus fiscal aura de la valeur pour une compagnie internationale établie dans un pays ayant signé un traité de non-double imposition avec l'État producteur, alors que produire ce document ne coûtera rien à l'État.

La question des réserves est plus compliquée si l'État se braque sur le sujet de la propriété des hydrocarbures. Si ce point d'achoppement peut être dépassé, autoriser par le contrat une compagnie à comptabiliser plus de réserves est une monnaie d'échange qui a aujourd'hui beaucoup de valeur.

Un régime de concession exige un ministère des Hydrocarbures ; un contrat de partage de production requiert une compagnie nationale.

Nous avons déjà mentionné que la rente s'apparentait à ce que la comptabilité appelle le résultat opérationnel avant impôts. Le calcul se fait en retirant du produit des ventes les coûts opératoires et le terme d'amortissement. Les choix porteront donc sur :

- le prix à retenir pour valoriser la production de pétrole ou de gaz (pour le calcul des recettes) ;
- le volume auquel appliquer ce prix ;
- côté dépenses, les coûts déductibles du revenu imposable dans le cas d'une concession et récupérables dans le cas d'un contrat de partage de production ;
- la vitesse de récupération des investissements d'exploration et de développement.

3.3 Les sources de revenus pour les États pétroliers

Les revenus d'un État pétrolier dépendent de l'organisation de son secteur pétrolier. En 2009, les revenus pétroliers de l'Irak s'élevaient à 41,2 G$. Le pays avait alors comme seule source de revenus la vente de son pétrole brut par ses compagnies nationales. Depuis, des bonus de signature sont venus compléter la structure de ses revenus pétroliers. Celle-ci reste malgré tout très simple par rapport à d'autres pays producteurs travaillant avec des compagnies internationales dans un cadre contractuel.

En effet, les États pétroliers travaillant avec des compagnies pétrolières internationales dans un cadre contractuel disposent de plusieurs sources de revenus. La principale est l'impôt au sens large. Il se compose souvent d'une part indépendante du résultat (redevance, taxe à la production, droits d'accises, *severance tax*) et d'une part dépendante du résultat. Si l'État est doté d'une compagnie nationale, il peut avoir accès à une partie de la production dès lors qu'il aura pris soin d'indiquer dans le contrat que celle-ci a le droit d'entrer comme partenaire après une découverte.

Il existe ensuite des recettes de poche, comme la redevance superficiaire, payée en fonction de la taille du permis attribué à la compagnie, des taxes sur le CO_2 et les oxydes d'azote NO_x (en Norvège), des contributions régionales, des versements à des fonds de développement. L'imagination des États est assez débridée, et les compagnies acceptent ces différentes demandes tant qu'elles calculent que l'équilibre global du contrat satisfait leurs critères de rentabilité.

Enfin, des dispositions contractuelles peuvent prévoir des obligations non fiscales portant sur l'emploi, la formation, le recours aux sous-traitants ou encore la fourniture de brut pour le marché domestique.

3.3.1 Recettes liées plus ou moins à l'industrie pétrolière : l'exemple du Kazakhstan

Le tableau 3.1 est tiré du rapport ITIE 2009 pour le Kazakhstan. Sur les 26 lignes de recettes, 20 sont de droit commun et seulement 6 sont spécifiques au secteur pétrolier (et minier) pour la République.

Le total des recettes rapportées pour 2009 est de 1 887 milliards de tenges, soit environ 12,6 G$.

TABLEAU 3.1 ■ Revenus pétroliers et miniers du Kazakhstan

République du Kazakhstan Recettes du secteur pétrolier et minier 2009 (en milliers de tenges)	
Impôts	
1. Impôts sur les sociétés	770 561 964
2. Impôt sur le revenu des personnes	35 780 968
3. Charges sociales	33 252 509
4. Impôt sur le patrimoine	33 896 617
5. Impôts fonciers	3 218 173
6. Impôts sur les véhicules	265 962
7. Droits d'accises	27 444
8. Taxes d'habitation	187 301 183
Prélèvements spécifiques à l'utilisation du sous-sol	
9. Impôt sur les superprofits	211 136 269
10. Bonus	4 819 764
11. Redevances	354 773 408
12. Part de la République du Kazakhstan (RK) dans le partage de la production	52 130 245
13. Paiement additionnel pour l'utilisation du sous-sol dans le cadre d'un contrat de partage de production	2 964 676
Autres paiements obligatoires	
14. Droits d'utilisation de la ressource en eau	197 546
15. Droits d'utilisation des forêts	1 536
16. Droits d'utilisation du réseau de télécommunications	38 025
17. Droits de location du sol	2 481 336
18. Droits pour pollution de l'environnement	66 905 970
19. Autres droits et paiements au Trésor public	642 559
Paiements douaniers	
20. Droits de douane	50 356 152
21. Autres taxes sur le commerce international et opérations liées	6 221 229
22. Droits d'accises sur les biens importés en RK	4 935
23. TVA sur les biens importés en RK, hors TVA sur les biens produits et importés de la Fédération de Russie	31 944 591
24. TVA sur les biens produits et importés de la Fédération de Russie	10 102 381
Dividendes payés sur la part de l'État	28 265 076

3.3.2 Revenus

On distinguera :
- les revenus liés à l'acquisition de domaine minier ;
- les revenus liés à la période d'exploration ;
- les revenus liés à la période de production.

▪ *Les bonus*

Les bonus sont des sommes versées à l'État, soit pour obtenir un contrat pétrolier ou son renouvellement, soit parce que certains critères opérationnels ont été satisfaits. En règle générale, les bonus de cette nature ne sont pas récupérables.

Certains contrats prévoient d'autres types de versements, qui peuvent également être appelés bonus. Toutes les fois que ces versements sont des coûts récupérables, ils doivent être considérés comme des avances de trésorerie faites à l'État, puisque le contractant les verse dans une période et les récupère quelque temps plus tard.

- Le **bonus de signature** est la somme versée à l'État à la conclusion d'un contrat pétrolier. Cette somme peut être payée par l'opérateur désigné pour le compte de l'association. Si l'opérateur n'est pas encore désigné, chaque partenaire paye sa part proportionnellement à son pourcentage. Ce bonus est véritablement un droit d'acquisition du permis. Dans un appel d'offres, c'est souvent l'association qui propose le bonus le plus élevé qui obtient le bloc.
- Le **bonus de découverte**. Certains contrats prévoient le paiement d'une somme en cas de découverte commerciale. Le fait générateur est l'autorisation de développement accordée par l'État (ou la décision de développement prise par l'association). Ce bonus représente une sorte d'à-valoir sur les bénéfices futurs de la découverte.
- Le(s) **bonus de production**. Ces montants sont également fixés dans le contrat. Ce peut être :
  - un bonus de mise en production, versé à l'État lors de la mise en production d'un champ ;
  - un bonus versé à l'État en fonction des quantités cumulées produites ou de seuils de production journalière (en b/j). Les montants et les seuils de quantités ou de production journalière sont définis dans le contrat ;
  - la production journalière d'un mois est la moyenne arithmétique des productions journalières du mois. Le seuil est réputé franchi lorsque la production journalière a été supérieure au seuil contractuel pendant trois mois consécutifs. (voir à ce sujet les commentaires p. 67)

TABLEAU 3.2 ▪ **Bonus prévus dans les contrats de la République du Pakistan en 2012**

Bonus de mise en production	600 000 $
Production cumulée de 30 Mbep	1 200 000 $
Production cumulée de 60 Mbep	2 000 000 $
Production cumulée de 80 Mbep	5 000 000 $
Production cumulée de 100 Mbep	7 000 000 $

Certains États imaginatifs ont introduit, en plus du bonus de signature, des bonus de ratification du contrat par le Parlement, ou de signature formelle par le chef de l'État. Ces bonus s'apparentent plus à des taxes administratives.

▪ *Autres flux préalables à l'acquisition*

- Achat du dossier d'appel d'offres (*bid package*).
- Achat de données antérieures auprès de l'État.

L'État peut aussi recevoir des paiements de la part d'opérateurs de sismique qui obtiennent le droit d'acquérir une sismique qu'ils pourront mettre en vente auprès de compagnies pétrolières.

▪ *Revenus liés à la période d'exploration*

Pendant cette période, le contractant n'a que des flux financiers sortants. L'État perçoit essentiellement des redevances superficiaires. Un renouvellement de la période initiale d'exploration est souvent possible. Dans ce cas, il y a généralement une somme à verser à l'État (bonus de renouvellement prévu dans le contrat). Si des obligations de travaux ne sont pas satisfaites, l'association doit payer des pénalités.

Redevances superficiaires

Les redevances superficiaires sont des loyers proportionnels à la surface du permis. Elles sont payées en période d'exploration sur la surface attribuée. En période d'exploitation, l'assiette des redevances superficiaires est réduite aux zones de développement.

- En Angola, le montant des redevances superficiaire est d'environ 300 $/km². Dans les concessions, ce montant est déductible de l'assiette de l'impôt pétrolier.
- En Azerbaïdjan, les redevances superficiaires peuvent atteindre 1 200 à 2 000 $/km².

- En Norvège, il n'y a pas de redevances superficiaires pour la phase d'exploration. Pendant la phase de développement, elles augmentent de 30 000 couronnes/km^2 la première année à 120 000 couronnes/km^2 à partir de la troisième année de production (soit de 5 000 à 20 000 \$/km^2 environ).

Retenue à la source

En phase d'exploration, il n'y a pas de recettes pour le contractant, donc pas d'impôt. En revanche, de nombreux travaux d'exploration sont menés par des sous-contractants. L'État peut donc percevoir un impôt sur les profits réalisés par les sous-traitants dans le pays. Cet impôt peut prendre la forme d'une retenue à la source.

■ *Revenus liés à la phase de production*

La phase de production représente l'objet principal du contrat pétrolier. La production de pétrole entraîne des revenus qui servent à amortir (pour une concession) ou à récupérer (pour un contrat de partage de production) les investissements et à dégager la rente pétrolière.

Comme nous l'avons vu au chapitre 2, les revenus pour l'État sont :
- des taxes ;
- de l'impôt (au sens large).

Redevance proportionnelle à la production[7]

Cette redevance représente un pourcentage de la production totale disponible de la zone délimitée. Quand elle est due mensuellement, elle est calculée sur la moyenne journalière de la production totale de la zone délimitée pour un mois civil donné. Son taux est précisé dans le contrat et/ou la loi et elle est réglée en nature ou en espèces selon la demande de l'État.

Le point de mesure de la production doit être précisé. La production à la tête de puits est toujours supérieure à la production effectivement vendue. La différence entre le volume qui sort du puits et celui qui sort du stockage vers le *tanker* provient de l'évaporation et du dégazage du pétrole[8]. Dans certains cas, une partie des hydrocarbures produits peut être consommée par les installations de production et de transport. Une redevance sur autoconsommation peut être prévue si la redevance n'est pas calculée à la tête de puits.

---

7. Valable pour tous les contrats de concession et certains contrats de partage de production.
8. Des abaques permettent de vérifier la cohérence des données de production en fonction des différences de température et des distances parcourues.

Impôt pétrolier et partage du *profit oil*

Ces recettes sont décrites dans les contrats. Les principales options qui s'offrent aux États ont été présentées au chapitre 2.

Clause contractuelle sur les profits tombés du ciel

Une variante du prix plafond est la taxation des profits « tombés du ciel », traduction de l'anglais *windfall*. On rencontre aussi les termes « profits exceptionnels » ou « superprofits » pour désigner la part de la rente pétrolière qui provient d'un prix du pétrole plus haut qu'une certaine valeur définie dans le contrat. Dans ce cas, une partie seulement du superprofit va généralement à l'État.

Profit tombé du ciel

Le mécanisme d'une taxe sur les profits provenant de prix trop élevés du pétrole est simple à expliquer, mais un peu plus compliqué à mettre en œuvre. La principale difficulté réside dans la définition du seuil au-delà duquel le prix est trop élevé. Le superprofit est défini par rapport à un prix « normal ». Ce prix peut être approché de manière historique. Après une longue période autour de 18 \$/baril, il n'est pas idiot de penser qu'une montée au-dessus de 25 \$ va entraîner des superprofits. Les compagnies ont en effet dimensionné leurs investissements sur la base de 18 \$, et si elles les ont réalisés, c'est bien qu'elles en attendaient une rentabilité suffisante pour satisfaire leurs prêteurs et leurs actionnaires. Tout ce qui vient en plus peut donc légitimement être appelé « tombé du ciel ».

Un revenu tombé du ciel est avant tout inattendu. Les économistes du *windfall* donnent comme exemple gagner à la loterie ou hériter inopinément. En toute rigueur, un gain au loto n'est cependant pas inattendu, puisque, après tout, les gens jouent au loto précisément pour gagner. Il est tout au plus improbable.

Windfall possède le double sens d'inattendu et d'immérité. La nuance entre les deux sens dépend du contexte. Le profit tombé du ciel est celui qui n'avait pas été programmé dans le calcul économique de l'entrepreneur. Pour le pétrole, c'est simple une fois qu'on s'est mis d'accord sur le juste prix. C'est ce que font la plupart des contrats d'exploration-production de pétrole, qui prévoient, avec l'accord des compagnies signataires, que la part du profit allant à l'État propriétaire des ressources naturelles ira croissante avec le prix. Redevance croissante ou tranches d'imposition croissante permettent d'augmenter la part de l'État. Elles sont prêtes à échanger du profit « tombé du ciel » contre d'autres avantages et garanties contractuels[9]. Les taux d'imposition (ou de partage du profit) seront différents selon les tranches de prix du pétrole.

---

9. Les compagnies pétrolières privilégient la stabilité du contrat, car leurs investissements ont une durée de vie longue, et préfèrent l'argent proche à l'argent plus tardif (taux d'actualisation élevé pour des compagnies cotées en Bourse).

Exemple du contrat pakistanais 2012

Le Pakistan propose deux régimes contractuels :
- pour l'*onshore*, un régime de concession ;
- pour l'*offshore*, des contrats de partage de production.

Dans les deux cas, il existe un impôt sur les profits tombés du ciel, appelé « *windfall levy* » (WLO).

Le montant de cet impôt est défini par la formule suivante :

$$WLO = 0,4 \times (M - R) \times (P - B)$$

Dans cette formule, M est la production totale et R la redevance au taux de 12,5 % du volume de la production. P est le prix du marché et B est le prix de base, égal à 40 \$/baril à la signature du contrat, cette valeur étant par la suite augmentée de 0,5 \$/baril/an, à partir de la date de la première production commerciale dans la zone.

Toutefois, si le prix du pétrole dépasse 110 \$/baril, le taux de l'impôt devient 100 %. La valeur de 110 \$ par baril sera modifiée lorsque la dynamique de formation des prix sur le marché international changera de manière substantielle.

Exemple chiffré :
- production journalière moyenne du mois : 20 000 b/j ;
- prix moyen du mois : 85 \$/b ;
- redevance : 6,375 M\$;
- montant du WLO : 40 % $\times$ (20 000 − 2 500) $\times$ (85 − 40) = 0,315 M\$.

Remarque 1 : dans l'exemple, les recettes de l'État se composent :
- de la redevance pour 6,375 M\$;
- d'un impôt pétrolier au taux de 40 % sur le résultat ;
- de l'impôt sur les profits tombés du ciel pour 0,315 M\$.

L'État s'engage à ce que la moitié de la redevance soit dépensée dans le district d'où provient la production.

Remarque 2 : Pour les contrats de partage de production, le WLO est calculé avec les mêmes P et B. Le terme (M − V) devient NCO, c'est-à-dire la part de pétrole (*cost oil* plus *profit oil*) revenant au contractant.

Remarque 3 : Il existe également un impôt sur le *windfall levy* pour le gaz WLG. Le prix de déclenchement est défini par zones tarifaires. Le WLG n'est pas dû pour les ventes à l'État.

■ *Charges diverses*

Les États ne manquent en général pas d'imagination pour créer des charges applicables aux compagnies pétrolières. Parmi les plus fréquentes, se trouvent quasi systématiquement :

- une taxe destinée à la **formation du personnel national.** C'est souvent une somme forfaitaire prévue au contrat avec une indexation. Les montants effectivement décaissés pour la formation professionnelle pétrolière de personnel national ne faisant pas partie du personnel des sociétés peuvent venir en déduction des sommes dues :
  - en Oman, le montant annuel est proportionnel au nombre de salariés qui ne sont pas des nationaux omanais ; la même assiette des non-nationaux s'applique à Bahreïn,
  - en Papouasie-Nouvelle-Guinée, le montant de 2 % de la masse salariale est réduit des sommes affectées à la formation du personnel national,
  - en Angola, le montant annuel est fixé (de 100 000 à 300 000 $) tant qu'il n'y a pas de production. Il passe à 0,15 $/b en phase de production,
  - au Venezuela, les compagnies pétrolières sont astreintes à une contribution à l'Institut national de l'Éducation coopérative dès qu'elles ont plus de cinq salariés. Le montant de cette contribution est de 2 % de la masse salariale. Si les salariés bénéficient d'une participation aux résultats de l'entreprise, ils doivent contribuer à hauteur de 0,5 % du montant de leur participation annuelle. Les compagnies pétrolières doivent, de plus, verser des contributions au logement (2 % de la masse salariale pour l'employeur et 1 % pour le salarié). Il existe aussi une contribution pour le développement de la science et de la technologie dont le montant est compris entre 0,5 et 1 % du revenu brut. On peut également signaler la contribution à la lutte contre la drogue et la contribution au développement indigène, toutes les deux pour 1 % du résultat ;
- des **provisions** pour divers objets. Leur montant est fixé à un pourcentage (par exemple 1 %) de la valeur de la production nette : au Gabon et au Congo, la provision pour investissements diversifiés (PID) a pour objet de permettre d'affecter des fonds au développement de l'économie du pays.

Formalités administratives diverses

Les impôts fonciers bâtis et non bâtis, les droits d'enregistrement et de timbres et les taxes rémunératrices d'un service sont applicables aux compagnies pétrolières internationales. Les États perçoivent alors des droits de timbres et d'enregistrement, des droits sur les immeubles, sur les véhicules, sur les navires, des droits sur l'utilisation des routes, des voies navigables, des réseaux de télécommunications, etc.

Les États peuvent obliger l'opérateur et les partenaires à procéder régulièrement à des formalités administratives payantes. Il peut s'agir de formalités applicables à toutes les opérations industrielles, ou d'obligations spécifiques au secteur pétrolier.

En Côte d'Ivoire, le coût de l'enregistrement d'une filiale est proportionnel à son capital social. Il est de 0,6 % si le capital social est inférieur à 5 milliards de francs CFA et de 0,2 % au-delà.

En Guinée équatoriale, chaque année, les filiales doivent renouveler toutes les formalités d'enregistrement à l'administration des hydrocarbures, du commerce, de la promotion des PME et auprès du conseil municipal.

Les droits de transfert d'intérêt dans les permis sont spécifiques au secteur pétrolier. Une telle taxe existe en Algérie au taux de 1 % de la valeur de la transaction. En Indonésie, cette taxe de 5 à 7 % est payée par l'entrant sous forme de retenue à la source. Elle est déductible du revenu imposable si un impôt est prévu dans le contrat.

Amendes

Les amendes pour pollution connaissent une croissance importante. Parmi les exemples récents :
- BP ne connaît toujours pas le montant de l'amende à payer pour la catastrophe de Macondo. L'amende ne devrait pas être inférieure à 15 G\$. La somme sera probablement partagée entre l'État fédéral et les états riverains du golfe du Mexique ;
- au Nigéria, le régulateur évoque une amende de 5 G\$ pour la pollution *offshore* du champ de Bonga en décembre 2011 ;
- en Chine, le montant de l'amende pour la pollution du champ de Bohai opéré par Conoco fait toujours débat. Le SOA (administration marine de l'État) évoque 20 millions de yuans/km^2. Comme l'irisation s'étendrait sur 840 km^2, on s'approcherait des 17 milliards de yuans (1,8 G€) ;

- au Brésil, le procureur demande 20 milliards de reais (10 G$) à Chevron pour la pollution provenant du champ de Frade.

Autres flux financiers vers l'État

- Droits de douane sur des importations « non pétrolières ».
- TVA sur des produits et services « non pétroliers ».
- Impôt sur le revenu dans le pays des salariés nationaux et expatriés.
- Taxes sur les salaires.
- Recettes des cotisations sociales.
- Taxes à l'exportation des hydrocarbures produits.
- Retenues à la source sur les dividendes rapatriés.

■ *Flux non monétaires*

Obligation de contenu local et/ou d'emploi local

La clause précise en général que la préférence doit être donnée « à compétences techniques analogues ». Pour obliger à confier des marchés à ses industries, le gouvernement norvégien a pendant longtemps soutenu, contre toute vraisemblance, qu'elles satisfaisaient ce critère. Cette politique s'est avérée payante sur le moyen terme. C'est une sorte de transfert de technologie.

Une clause de transfert de technologie peut être prévue dans le contrat. Elle ne sera efficace que si l'État dispose d'une compagnie nationale prête à recueillir les technologies transférées.

Dans l'explication de la première perte annoncée par Petrobras pour le deuxième trimestre 2012, l'entreprise a mis en cause l'obligation de contenu local qui aurait beaucoup augmenté ses coûts.

L'État doit tenter d'analyser l'impact d'une telle clause. Dans ce cas, le gouvernement brésilien reçoit la totalité des impôts payés par les entreprises locales alors que la perte est partagée avec les actionnaires étrangers de Petrobras.

Obligation d'alimenter le marché domestique

Les États disposant d'un outil de raffinage mettent dans leurs contrats une clause d'obligation de fournir le marché domestique en pétrole[10]. Le prix est alors inférieur au prix du marché. Il s'agit d'une recette indirecte pour l'État, mais d'une capture directe de la rente du contractant.

---

10. Domestic Market Obligation (DMO).

L'obligation peut également porter sur du gaz naturel, le plus souvent pour alimenter une centrale électrique. En Indonésie, par exemple, l'obligation porte sur 25 % de la production, mais le prix est celui du marché pendant les 3 premières années.

Impact de l'obligation en Angola

Telle qu'elle est présentée dans les contrats, l'obligation peut porter jusqu'à 40 % de la production annuelle. Le coût théorique peut donc être très élevé. Mais l'obligation est répartie entre toutes les associations au prorata de leur production.

En pratique, l'unique raffinerie d'Angola, à Lobito, a une capacité de 37 500 b/j. Le coût total pour l'industrie d'une fourniture à 20 \$/b si le prix du marché est de 100 \$/b est 37 500 × (100 − 20) = 3 M\$. Il est projeté de porter la capacité de la raffinerie de Lobito à 100 000 b/j. Si ce projet voit le jour, la capacité de raffinage du pays représentera 5 à 6 % de la production totale de brut (1,6 Mb en 2011).

3.4 Le contrat pétrolier

Le contrat pétrolier doit couvrir la totalité du cycle de l'exploration-production jusqu'à l'abandon du champ. Il faut préciser dès le début les conditions du partage de la rente en cas de découverte. Il serait en effet extrêmement défavorable pour les entreprises de revenir négocier avec l'État une fois la découverte faite. L'accès à la rente pétrolière pour les compagnies internationales n'est justifié que parce qu'elles prennent le risque exploration. Quand il s'agit de développer un champ déjà découvert, les conditions contractuelles sont beaucoup plus défavorables. C'est par exemple le cas des contrats de service en Irak.

Le contrat doit également prévoir les conditions d'abandon du champ, et les obligations de remise en état des sites. Il est possible que le champ découvert dure plus longtemps que la période contractuelle de production, donnée inconnue au moment de la signature du contrat.

3.4.1 Durée du contrat

La phase d'exploration est limitée dans le temps, ce qui assure à l'État que les compagnies y travailleront avec diligence. En cas de découverte, la pratique la plus fréquente consiste à identifier autour du champ (ou du groupe de champs) une zone de développement qui sera conservée par le contractant pour une durée plus longue.

Il y a en général deux périodes contractuelles. La première recouvre l'exploration et la seconde couvre le développement des découvertes éventuelles et la production. Comme mentionné précédemment, il est important que le contrat traite de l'ensemble des questions relatives au permis, même si la partie couvrant la production ne se révèle pas nécessaire, en cas d'exploration sèche.

La phase d'exploration dure en général entre 3 et 6 ans, le plus souvent avec une clause de renouvellement. Cela dépend bien sûr de la taille des blocs d'exploration. L'État peut introduire, pendant la phase d'exploration, une obligation de **rendus**[11], par laquelle il impose au contractant de rendre un pourcentage défini de la surface de son bloc d'exploration à l'issue de la deuxième ou troisième année. L'intérêt de l'État est double. Tout d'abord, le bloc rendu peut alors être remis en vente. Ensuite, le contractant, sachant qu'il doit rendre une partie du bloc, ne tardera pas à en analyser le potentiel, par exemple en le couvrant par de la sismique.

En cas de découverte, la licence d'exploration se transforme en une licence d'exploitation. Une zone est découpée autour du champ découvert. On l'appelle parfois surface de développement ou zone d'exploitation. Sa superficie est plus petite que la surface initiale, mais elle est conservée pour une durée plus longue. Les durées typiques pour les phases d'exploitation se situent entre 15 et 25 ans, ce qui inclut le temps nécessaire au développement des installations de production.

Dans les pays de l'OCDE travaillant en concession, les zones de développement sont attribuées pour une durée aussi longue que les champs. Tout développement additionnel pourra donc être fait par les compagnies sans crainte de voir leurs droits sur le champ arriver à échéance. La plupart des contrats de partage de production, et les concessions hors pays de l'OCDE, ont des durées limitées pour la phase de production. Si le champ est encore en production à l'expiration du contrat, l'État peut le remettre en vente. Dans ce cas, les conditions lui seront beaucoup plus favorables puisqu'il s'agit de réserves déjà prouvées et largement développées.

3.4.2 Partage de la rente

Dans le cas des concessions, les points importants sont le niveau de la redevance et les différents impôts que le contractant devra payer. Pour

---

11. *Relinquishment.*

le calcul de l'impôt, les taux d'imposition sont bien entendu importants, mais le rythme d'amortissement des investissements de développement et le détail des coûts déductibles du revenu imposable ont également un impact fort sur la rentabilité de l'opération pour le contractant.

Dans le cas de contrats de partage de production, les clauses liées à la rentabilité du projet porteront sur le partage du *profit oil*, mais aussi sur les coûts récupérables, le *cost stop* et l'étalement éventuel de la récupération des Capex.

3.4.3 Compagnie nationale

L'État doit prévoir, en cas de découverte, l'entrée de la compagnie nationale dans l'association pétrolière en tant que partenaire (*voir « Compagnie nationale (NOC) », section 3.6*).

3.4.4 Clauses financières et fiscales

Il s'agit de préciser l'articulation entre la fiscalité pétrolière et la fiscalité de droit commun, principalement la TVA et les droits de douane, mais également l'impôt sur les salaires, les cotisations sociales et d'autres éléments de la fiscalité du pays producteur.

Le contrat doit traiter la question des mouvements monétaires. Les choses ont beaucoup évolué au cours des cinquante dernières années, mais des interdictions, ou des restrictions fortes, sur la convertibilité de la monnaie nationale, la détention de comptes en dollars ou encore le rapatriement des dividendes vers la maison mère du contractant existent encore dans certains pays.

3.4.5 Contrôle par l'État

Le contrat doit régler tous les aspects du contrôle du contractant par l'État (ou la société nationale qui le représente). Il s'agit de définir les droits et devoirs de l'opérateur, des partenaires et des représentants de l'État dans la conduite des opérations : mécanismes de décision, choix des partenaires ou des fournisseurs, etc. En règle générale, l'État cogère le contrat. Son pouvoir de décision est réduit pendant la phase d'exploration puisque lui-même ne porte aucun risque. Son rôle devient plus important au moment de valider la déclaration de commercialité et le programme de développement de la découverte. Au cours de la vie du contrat, le pouvoir de l'État va croissant. Il approuve les budgets et les programmes de travaux annuels. Puis, après la désaturation dans les contrats de partage de production, il se réserve en général le droit de vérifier que les travaux complémentaires proposés visent à améliorer la récupération.

Cela conduit à retenir que les États ont plutôt intérêt à ce que les phases de production soient suffisamment longues pour que les découvertes éventuelles soient produites selon les règles de l'art, sans chercher à accélérer la production. Une production trop rapide laissera dans le sous-sol une quantité plus importante d'hydrocarbures non produits. Certains conseillent aux États de raccourcir les périodes de production contractuelles en leur faisant miroiter la possibilité de récupérer plus tôt les installations, et soit de prolonger le contrat avec la même association en échange d'un bonus important, soit de les faire opérer par leur compagnie nationale.

L'optimum pour les États dépend de la taille du champ. Si le champ est très important, il restera effectivement beaucoup de réserves à l'expiration de la période contractuelle et l'État pourra en retirer un bénéfice additionnel. En revanche, si la production optimale du champ demande une durée légèrement plus longue que la période contractuelle, le contractant aura tendance à accélérer le soutirage pour produire le maximum pendant la période contractuelle.

Quand un contractant fait une découverte commerciale, son souci est de la mettre en production le plus vite possible afin de rentabiliser son investissement. Les contrats sont le plus souvent rédigés de telle sorte que ce droit de développer rapidement soit reconnu au contractant dès lors que le caractère commercial est prouvé. Si l'État veut ralentir le rythme des développements, il doit éviter de proposer trop de domaine minier. S'il décide d'attribuer en même temps de très nombreux permis d'exploration, il court le risque qu'un grand nombre de découvertes soit fait simultanément, et que les compagnies souhaitent développer en même temps leur production. L'État n'aura alors pas les moyens contractuels de les en empêcher.

3.5 Code minier

Faut-il un code minier ? Si oui, qu'y mettre ?

L'intérêt d'un code minier, ou code des hydrocarbures, est de fournir un cadre dans lequel seront traitées certaines questions, afin de ne pas avoir à y revenir lors des négociations ou des appels d'offres futurs. Si l'État dispose d'un parlement et souhaite lui demander son avis sur les grands principes de la fiscalité pétrolière, c'est le code minier qui sera présenté à son vote, et non chacun des contrats ultérieurs. Un code détaillé permet de ne laisser à la négociation que des paramètres spécifiques du partage de la rente pétrolière.

3.5.1 Articulation entre prélèvements

Le code minier doit être l'occasion de définir les relations entre le ministre chargé des hydrocarbures et celui chargé des finances et du budget. La fiscalité pétrolière est toujours plus élevée que la fiscalité de droit commun. Le partage de la rente est calculé globalement sur le mécanisme redevance plus impôts pétroliers dans une concession ou partage du *profit oil* en contrat de partage de production. En contrepartie de cette fiscalité accrue, les compagnies pétrolières sont exonérées de l'impôt de droit commun, ainsi que des droits de douane et de la TVA.

Cette exonération de l'impôt de droit commun et de la TVA est source de malentendus au sein des services de l'État. Les services fiscaux[12] la considèrent comme un cadeau fait aux compagnies pétrolières. La préparation du code minier est une bonne occasion de clarifier les choses. Il s'agit simplement de conserver l'équilibre construit dans le contrat (fiscalité pétrolière) et de ne pas ajouter un impôt additionnel qui le modifierait.

Dans certains pays, les compagnies sont tenues de faire une déclaration fiscale selon les règles du droit commun. L'impôt calculé selon ces règles est différent de l'impôt pétrolier. Les modalités d'amortissement des investissements[13] pour le calcul de l'impôt pétrolier ne sont pas les mêmes que les rythmes d'amortissement dans la fiscalité de droit commun. En fiscalité pétrolière, on peut avoir un *uplift*, un amortissement linéaire sur une période différente, qui ne conduit pas à la même assiette de l'impôt que le droit commun. L'impôt calculé selon le droit commun est nettement inférieur à la part de l'État dans le partage de la rente pétrolière. Il ne donne pas lieu à un versement complémentaire.

---

12. Il en va de même pour les douaniers face à l'exonération des droits pour le matériel pétrolier.

13. Ou de récupération des coûts.

Certains pays ajoutent un impôt sur le résultat dans le contrat de partage de production. Dans ce cas, les clauses de partage du *profit oil* sont plus favorables à l'entreprise afin que le partage final de la rente ne soit pas modifié.

Le code minier n'évitera pas les tensions au sein du gouvernement et des services de l'État au sujet du calcul, de la collecte et de la destination des impôts. Quand l'impôt pétrolier vient abonder les caisses de l'État sur un compte du Trésor, il est plus facile de faire admettre cette non-double imposition interne au pays. Quand l'impôt pétrolier va dans les caisses du ministère des Hydrocarbures, le problème est plus délicat puisque le ministère des Finances considère qu'il est privé de ressources qui devraient abonder le budget de l'État. Le même problème se pose quand, dans un contrat de partage de production, la part de *profit oil* de l'État enlevée par la compagnie nationale n'est pas reversée au budget de l'État.

L'exonération à la TVA et aux droits de douane peut s'étendre aux sous-traitants étrangers venant effectuer des travaux pétroliers comme sous-traitants du contractant.

L'exonération de droits de douane est toujours acquise pour les importations temporaires, par exemple pour un appareil de forage qui rentre dans le pays pour la durée d'une campagne de forage. Elle s'applique aussi aux matériels pétroliers. Le plus souvent, elle ne concerne pas les matériels importés non pétroliers. Une des questions classiques concerne les véhicules de l'entreprise : les cadres des compagnies internationales roulent tous en 4x4 parce que ces véhicules peuvent être considérés comme des utilitaires pétroliers.

3.5.2 Contenu du code minier

Les objectifs de la politique pétrolière de l'État sont inscrits dans le préambule au code minier. On y réaffirme la souveraineté de l'État, en particulier les droits de propriété sur les hydrocarbures.

Le code minier définit le régime applicable aux opérations pétrolières – concession, contrat de partage de production ou éventuellement contrat de service –, présente le mode d'intervention de l'État dans les opérations pétrolières et identifie le ministre chargé de la supervision du secteur pétrolier. Un contre-exemple est le Gabon, où les services du ministère des Hydrocarbures et ceux du ministère des Finances sont en conflit permanent sur le contrôle des compagnies.

Le code décrit le rôle de la compagnie nationale si elle existe, traite de l'accès au domaine minier du pays, en décrivant les règles des appels d'offres et des négociations de gré à gré, et définit les conditions d'approbation et de signature des contrats pétroliers.

L'État peut retenir de faire passer chaque contrat devant le Parlement pour une acceptation spécifique. L'intérêt du code minier est cependant d'autoriser l'approbation du contrat par le ministre chargé du secteur pétrolier dès lors qu'il satisfait aux exigences du code.

Le code minier peut détailler les droits et obligations des titulaires de droits miniers, les durées des phases d'exploration et d'exploitation, les modalités d'approbation du développement d'une découverte commerciale, les règles relatives à la production et au transport des hydrocarbures, etc.

Il ne décrira pas les engagements de travaux pendant la phase d'exploration, qui seront différents selon les permis, mais il précisera les exigences en matière de garanties bancaires.

Il règle les questions d'occupation des terrains, d'accès à l'eau et aux autres ressources nécessaires à la production et éclaircit les conditions d'utilisation temporaire de terrains, de voies de passage pour les opérations de sismique à terre et la possibilité d'expropriation pour cause d'utilité publique sous le contrôle des services de l'État.

C'est dans cette partie du code minier que figure l'obligation de respecter les cimetières et les lieux de culte. On sait que cette disposition n'existe pas aux États-Unis, où la question de forer des puits horizontaux sous les cimetières pour produire des gaz de schiste s'est posée en 2012.

3.5.3 Éléments administratifs, financiers et légaux

Le code minier traite :
- du contrôle des changes ;
- de la convertibilité de la monnaie nationale ;
- de la possibilité de détenir des comptes en dollars, à l'étranger et dans le pays ;
- de la possibilité d'utiliser librement le résultat des ventes à l'étranger ;
- du transfert des fonds pour payer les sous-traitants et les salaires des expatriés ;
- de la liberté de verser des dividendes à la maison mère ;
- et de toute autre question de cette nature.

Il couvre également les relations entre le ministre chargé des hydro-carbures et le ministre de l'Environnement. On peut y ajouter les questions d'hygiène et de sécurité, les obligations relatives à l'abandon des installations et à la remise en état des sites, la loi applicable, la clause d'arbitrage, etc.

Comme mentionné en introduction à cette partie, la préparation du code minier permet d'avoir une discussion unique avec les parlementaires[14]. Les points qui ont été couverts dans le code n'auront pas besoin d'être rediscutés à chacun des contrats. Il faut toutefois être attentif. Un code minier qui prétend couvrir le plus possible de clauses contractuelles risque de se retrouver plus rapidement obsolète que s'il se concentrait sur les aspects essentiels de la forme contractuelle et du contrôle des compagnies internationales. Pour tenir compte des évolutions des techniques et des préoccupations de la société civile, il est plus facile d'adapter quelques clauses du contrat que de remettre sur le métier l'ensemble du code minier.

3.6 Compagnie nationale (NOC)

Une compagnie nationale est nécessaire :
- pour gérer la part de l'État dans un contrat de partage de production ;
- toutes les fois que l'État veut pouvoir entrer comme partenaire après une découverte.

Le droit pour une compagnie nationale d'entrer comme partenaire après une découverte doit être inscrit dans les termes du contrat. Le pourcentage qu'elle peut prendre doit être défini, car le niveau d'entrée est important pour le contractant.

Si l'État souhaite conserver une certaine flexibilité, il pourra fixer un pourcentage maximal. En revanche, il n'est pas de règle pour un État de laisser ouverte la possibilité de demander un pourcentage plus élevé que celui qui est dans le contrat.

Du point de vue de l'État, cette clause d'entrée est cohérente avec la décision de faire conduire l'exploration par une compagnie internationale.

---

14. Certains pays ne jugent pas nécessaire de présenter la fiscalité pétrolière à leur Parlement.

C'est le contractant qui prend le risque exploration. En cas d'échec, l'État ne perd rien ; en cas de découverte, il utilise son droit d'entrée.

Le pourcentage retenu pour l'entrée de la compagnie nationale en cas de découverte varie selon les pays. Le sujet des compagnies nationales sera traité de manière plus approfondie au chapitre 5.

Chapitre 4

De 1980 à 2010

Au cours des chocs pétroliers de 1973 et de 1979, la plus grande partie du pétrole alimentant le marché mondial provenait de contrats de concession. À partir de 1980, le marché spot a été alimenté par des pétroles nouveaux, ceux de la mer du Nord puis des pays du golfe de Guinée. Durant cette période, le prix du pétrole a été tendanciellement à la baisse, avec le creux de 1986 où il a atteint 10 $/baril. Pendant pratiquement les 20 années suivantes, le prix du pétrole a oscillé entre 12 et 18 $/baril. Depuis cette date – et la tendance croissante à indexer le prix des livraisons physiques de pétrole sur celui donné par les marchés financiers –, le prix a augmenté jusqu'à créer un nouveau choc pétrolier en août 2008 avec un baril de Brent à 147 $.

Depuis 1980, les contrats ont cherché à tenir compte de la taille des découvertes dans le partage de la rente. Au moment où la compagnie pétrolière prend le bloc d'exploration, elle a sans doute une idée assez précise du genre d'objets qui peut être découvert, mais il n'est pas dans son intérêt, la plupart du temps, de dévoiler l'ensemble de ses cartes pendant la négociation avec l'État. Les États ont tenté de développer des mécanismes permettant d'augmenter leur part de la rente dans le cas de découvertes importantes et rentables. Ils ont également essayé de conclure des contrats permettant d'écrémer les superprofits liés aux prix élevés.

4.1 Moyens à la disposition des États pour augmenter leur part de la rente pétrolière

Cette question doit être examinée dans trois cas de figure :

- l'État cherche à anticiper les résultats plus favorables que ceux sur lesquels a été construit le partage de la rente au moment de la signature du contrat (découverte de grande taille, prix en forte hausse) ;
- l'État constate, en cours de contrat, que l'envolée des prix augmente considérablement le profit des compagnies pétrolières, et souhaite ramener ce profit à des proportions qu'il juge plus raisonnables par rapport aux risques encourus ;
- l'État cherche dès le début une forme contractuelle plus avantageuse pour lui.

Le premier cas est traité par les **mécanismes inscrits dans le contrat**.

Le deuxième cas est plus difficile puisqu'il s'agit d'une démarche unilatérale d'un État pour **renégocier** un contrat en cours.

Le troisième cas est celui du **contrat de service**.

4.1.1 La recherche de flexibilité dans les mécanismes contractuels

Les innovations contractuelles correspondant à cet objectif de flexibilité ont été nombreuses. Elles tournent toutes plus ou moins autour de l'utilisation de seuils au-delà desquels la part de l'État est progressivement croissante. Les seuils peuvent être liés à des données opérationnelles, comme la production journalière ou la production cumulée. Plusieurs tentatives ont été faites pour introduire un concept de rentabilité. Des formules de partage d'une très grande complexité en ont résulté. Le système qui semble aujourd'hui devoir l'emporter est le **ratio R**.

Les mécanismes inscrits dans le contrat sont les clauses de redevances variables en fonction de certains paramètres économiques, de *cost stop* variable dans le temps ou de tranches de partage du profit dans un contrat de partage de production. Les compagnies acceptent les termes du contrat qui leur est proposé après avoir conduit leurs études économiques sur leurs hypothèses de découverte. Elles acceptent en particulier ses clauses de flexibilité. Il n'y a donc pas de problème particulier.

■ *Logique d'un partage variable avec la taille de la découverte*

Au moment de la négociation du contrat, la taille de la découverte n'est pas connue. Si l'État demande une part croissante en fonction de la production journalière, c'est qu'il pense que plus le champ est grand, plus il est rentable. Ce n'est toutefois pas automatique. La rentabilité d'une découverte dépend, bien sûr, de la taille totale de ses réserves, mais aussi de la taille de l'investissement nécessaire pour le développer. Les revenus découlent du niveau de la production et de la qualité du pétrole. Un réservoir de bonne qualité exigera moins de puits.

En effet, un pétrole de très bonne qualité possède trois avantages :
- il circule mieux dans le réservoir et augmente la productivité des puits ;
- il exige moins d'interventions coûteuses pendant la période de production ;
- il se vend mieux puisque son raffinage donne plus de produits légers, beaucoup mieux valorisés que les produits plus lourds.

Les investissements dépendent également de la qualité du réservoir. Un champ avec de moins bonnes caractéristiques physiques exigera plus d'investissements pour un niveau de production identique : il faudra notamment forer plus de puits de production, de rendement plus réduit.

L'utilisation de seuils de production cumulée semble plus justifiable à première vue, mais ici encore, une production élevée n'entraîne pas systématiquement une rentabilité élevée. Tout dépend des coûts de développement et de production par baril. L'effet d'échelle ne fonctionne pas toujours sur un champ pétrolier.

L'augmentation de la part de l'État en fonction du niveau de la production journalière du champ, ou du volume cumulé de la production n'a pas vraiment de justification. La différence de qualité entre deux champs a deux origines : des coûts de développement et de production (Capex et Opex) par baril plus faibles, et un prix plus élevé du pétrole produit. L'État accèdera donc directement à la rente différentielle en augmentant sa part de la rente en fonction du niveau du profit par baril.

■ *Logique d'un partage variable en fonction de la rentabilité*

L'idée de retenir un seuil de rentabilité est *a priori* bonne. En effet, les compagnies pétrolières internationales vont chercher leurs capitaux propres en

Bourse. Elles s'engagent à servir à leurs actionnaires une rentabilité de l'ordre de 15 %. Il est donc justifiable d'augmenter la part de l'État dès lors que ce seuil est atteint. L'État n'a pas le moyen de connaître à l'avance le coût du capital des compagnies qui travailleront son domaine minier. Pour calculer la rentabilité déjà obtenue par le contractant, il retient des modalités diverses. Il connaît le *cash flow* après impôt du contractant, qui est calculé en monnaie courante et qu'il s'agit de comparer aux investissements effectués plusieurs années auparavant. Les formules peuvent devenir complexes.

4.1.2 Paramètres contractuels variables

Dès lors que les compagnies l'acceptent, l'État peut proposer la variabilité programmée de tous les principaux paramètres contractuels. On a vu des redevances variables, des taux d'impôts variables, des partages du *profit oil*, des redevances superficiaires et des *uplifts* variables[1].

■ *La concession algérienne*

En Algérie, le niveau minimum de redevances dépend de la production journalière et de la zone où est situé le champ. À cette fin, l'Algérie est découpée en quatre zones, en fonction de leur éloignement de la côte (terminaux d'exportation pour le pétrole et le gaz), des découvertes déjà faites dans la zone et de considérations d'aménagement du territoire (présence de terroristes).

TABLEAU 4.1 ■ Taux de redevance en fonction de la zone géographique et du niveau de production

Zone	A	B	C	D
0 à 20 000 bep	5,5 %	8,0 %	11,0 %	12,5 %
20 001 à 50 000 bep	10,5 %	13,0 %	16,0 %	20,0 %
50 001 à 100 000 bep	15,5 %	18,0 %	20,0 %	23,0 %
> 100 000 bep	12,0 %	14,5 %	17,0 %	20,0 %

---

1. Voir chapitre 2, exemples de variations de la part de l'État en fonction de seuils de production journalière ou de rentabilité.

Le taux de l'impôt pétrolier est calculé selon une formule basée sur la valeur de la production cumulée VP. Si cette valeur est inférieure à 70 milliards de dinars (GDZD)[2], le taux est de 30 %. Si la valeur est supérieure à 385 milliards de dinars, le taux est de 70 %. Pour les valeurs comprises entre 70 et 385 milliards de dinars, le taux est donné par la formule :

$$40 \times \frac{(PV - S1)}{(S2 - S1)} + 30, \text{ soit } 40 \times \frac{(VP - 70)}{315} + 30$$

TABLEAU 4.2 ■ **Calcul du taux en fonction de la valeur**

Valeur de la production cumulée (en GDZD)	Taux
40	30 %
70	30 %
80	30,6 %
300	59,2 %
380	69,4 %
385	70 %

TABLEAU 4.3 ■ **Redevances superficiaires variables**

	Exploration			Période de rétention	Production
	Années 1-3	Années 4-5	Années 6-7		
Zone A	4 000	6 000	8 000	400 000	16 000
Zone B	4 800	8 000	12 000	560 000	24 000
Zone C	6 000	10 000	14 000	720 000	28 000
Zone D	8 000	12 000	16 000	800 000	32 000

La redevance superficiaire augmente avec la durée de la période d'exploration. La période de rétention permet à la compagnie de conserver quelque temps le titre minier avant de prendre une décision. Elle a un caractère exceptionnel qui explique le niveau plus élevé de la redevance.

---

2. 1 milliard de dinars (GDZD) est, aujourd'hui, égal à 10 milliards d'euros.

Le taux d'*uplift* et la durée de l'amortissement dépendent également des zones :

TABLEAU 4.4 ■ **Taux d'*uplift* et durée d'amortissement**

Zones	Taux d'*uplift*	Amortissement
Zones A et B	15 %	20 % (5 ans)
Zones C et D	20 %	12,5 % (8 ans)

4.1.3 Exemples de complexité excessive

La volonté de couvrir tous les cas de figure a conduit certains pays à mettre en place des systèmes d'une très grande complexité, comme en témoignent les exemples du contrat de partage de production de l'Algérie et de la Libye.

■ *Modalités de partage du* profit oil *dans les contrats algériens des années 1990*

La quantité de pétrole que le contractant peut enlever au cours d'une année ne peut dépasser 49 % de la production. Ce total est composé du *cost oil* et du *profit oil*.

La part du *profit oil* pour le contractant est donnée par la formule : $C = 0,65 \times A \times P$, où A est un facteur de profitabilité et P un facteur de prix plafond. Le prix plafond est de 20 \$1995/b, indexé sur le PIB américain.

Tant que le prix du marché reste inférieur au prix plafond Pc, $P = 1$ (c'est-à-dire que le calcul se fait sur le prix réel).

Si le prix du marché dépasse le prix plafond Pc, $P = k + 0,25 \times (1 - k)$, où k est le rapport entre le prix du marché et le prix plafond.

Exemple chiffré :
- Pc = 25 \$/b ;
- P marché = 45 \$/b ;
- k = 25/45 ;
- on obtient P = 0,67.

A est un facteur de profitabilité, qui varie en fonction du ratio R.

Au numérateur de R, les revenus du contractant (*cost oil* provenant de la récupération des Capex + *profit oil*)

Au dénominateur, les investissements de développement passés et le bonus de signature. Ce dénominateur est fixe, tandis que le numérateur croît au fil des années.

Les valeurs de A en fonction de R sont les suivantes :

R	< 1	1 – 1,9	1,9 – 2,4	2,4 – 3	> 3
A	47,5 %	42,5 %	37,5 %	17,5 %	5 %

Dans le cas le plus favorable, R < 1 et prix inférieur au prix plafond, la part de *profit oil* du contractant est de : C = 0,65 × 0,475 × 1 = 30,9 % de la production.

Puisque le contractant ne peut enlever plus de 49 % de la production, cela implique que son *cost oil* soit au plus égal à la différence, soit 18,1 % de la production.

Quand R est supérieur à 3, si le prix est inférieur au prix plafond, la part du *profit oil* est : C = 0,65 × 0,05 × 1 = 3,25 % de la production.

■ *Modalités de partage du* profit oil *dans les contrats libyens des années 1990*

La part du contractant ne peut pas dépasser 40 % de la production. Pour le partage du *profit oil*, on calcule le NCO[3], qui représente ce qu'il reste des 40 % possibles après récupération des coûts :

$$NCO = 40\ \% \text{ de la production} - cost\ oil.$$

La part du *profit oil* du contractant est donnée par la formule :

$$NCO \times \mathbf{A} \times \mathbf{B}$$

où **A** dépend d'un ratio R et **B** du niveau de la production en b/j.

---

3. Net Crude Oil.

TABLEAU 4.5 ▪ **Valeurs des paramètres de partage en fonction de R et du niveau de production**

A		B	
R		**Niveau de production (b/j)**	
< 1,5	95 %	< 10 000	100 %
1,5 – 3	75 %	10 000 – 25 000	80 %
3 – 4	40 %	25 000 – 50 000	60 %
> 4	20 %	50 000 – 75 000	40 %
		> 75 000	25 %

On retrouve la même logique que dans le contrat algérien :
- le contractant ne peut jamais récupérer plus qu'une part définie de la production (en Libye 40 %, en Algérie 49 %) ;
- le *profit oil* de l'État augmente en fonction de la rentabilité du projet.

Dans le cas le plus favorable, le produit A × B vaut 0,95. Dans le cas le plus défavorable, il vaut 0,05.

De manière générale, l'introduction de différents paramètres, souvent redondants, n'apporte pas de sécurité additionnelle à l'État. En revanche, ces clauses ajoutent de la complexité dans la gestion au jour le jour des contrats. Certains calculs ne peuvent être effectués qu'après collation de données. Les disputes peuvent porter sur un plus grand nombre de valeurs ; des paramètres, devoir être recalculés.

En toute rigueur, le ratio R et les seuils de production journalière ne sont pas totalement redondants, puisque le paramètre important est le coût de développement et de production par baril. En pratique, c'est la multiplication de plusieurs facteurs inférieurs à 1 qui réduit le plus la part du contractant.

4.1.4 Clauses de prix plancher et de prix plafond

Le passage en 1986 du prix du baril à 10 $ a entraîné la création de deux innovations contractuelles, le prix plancher et le prix plafond. Le prix plancher a d'abord été demandé par une compagnie internationale qui souhaitait obtenir une protection à la baisse ; le prix plafond, comme une contrepartie par le Nigéria. Pendant toute la période de volatilité réduite, ni le plancher ni le plafond ne sont intervenus. En revanche, le prix plafond a joué pleinement à partir de 2003, lorsque les prix du pétrole se sont mis à augmenter vers des niveaux jusqu'alors inconnus.

Le prix plancher signifie que, dans le cas où le prix est inférieur, le partage de la rente se fait sur la base d'un prix de 10 $/baril. On effectue le calcul au prix réel et à 10 $/b, et l'État verse la différence à la compagnie.

■ *Exemple chiffré*

Hypothèses :
- prix plancher : 10 $/b ;
- *cost stop* : 50 % ;
- *profit oil* État : 60 % ;
- prix réel : 8 $/b.

Coûts récupérables de la période (contrat désaturé) :
- Opex : 200 000 $;
- Capex : 0 $.

TABLEAU 4.6 ■ **Effet du prix plafond sur la part du contractant**

	Sans prix plancher		Avec prix plancher	
Production période	40 000	b	40 000	b
Prix période	8	$/b	10	$/b
Cost oil max ($)	160 000		200 000	
Récupération				
À récupérer ($)	200 000		200 000	
Cost oil contractant ($)	160 000		200 000	
	Sans prix plancher		Avec prix plancher	
Profit oil contractant ($)	64 000		80 000	
Profit oil État ($)	96 000		120 000	
Total contractant ($)	**224 000**		**280 000**	

Il faut faire le calcul en valeur ($). Dans l'exemple, l'État doit 56 000 $ au contractant (différence en ce que le contractant reçoit par application stricte du contrat à 8 $/b et ce qu'il aurait reçu si le pétrole avait valu 10 $/b). Ce montant est le plus souvent intégré dans les coûts récupérables en contrat de partage de production, ou en crédit d'impôt en concession.

Ce mécanisme a été accepté dans son principe par le Nigéria. Le ministre de l'époque, Rilwanu Lukman, a demandé en contrepartie qu'un prix plafond soit également instauré à 22 \$/baril. Il a facilement obtenu satisfaction de la part de la compagnie pétrolière, car personne n'imaginait alors que le prix du brut pourrait s'élever aux niveaux qu'il a connus à partir de 2004. Aussi bien le prix plancher que le prix plafond sont indexés sur le PIB américain.

La clause de prix plafond a été utilisée dans un certain nombre d'autres contrats, avec la même indexation ou avec l'indice américain des prix aux consommateurs. Si le prix du pétrole reste relativement proche du plafond, tout en lui étant supérieur, elle peut assez bien fonctionner. Elle devient problématique si le prix du pétrole grimpe à des niveaux très largement supérieurs à celui du plafond. Cela peut sembler paradoxal puisque le contractant perçoit toujours le revenu correspondant au prix qu'il avait en tête au moment où il a signé le contrat. Il paraît donc logique que l'État empoche la totalité du surcoût.

Toutefois, depuis l'année 2000, si le prix du pétrole augmente sans commune mesure avec la croissance, les coûts pétroliers augmentent beaucoup plus vite que le PIB américain. La figure 4.1 compare le prix réel du Brent, le prix plafond de 22 \$/b indexé sur le PIB américain et, depuis 2000, le prix plafond indexé sur l'UCCI, index produit par l'IHS-CERA pour suivre l'évolution des Capex de l'exploration-production. Elle illustre bien le problème du prix plafond. Il devient impossible, quand le prix du pétrole monte sensiblement plus vite que l'index, de récupérer les coûts pétroliers.

FIGURE 4.1 ■ **Comparaison des prix plafond selon l'indexation**

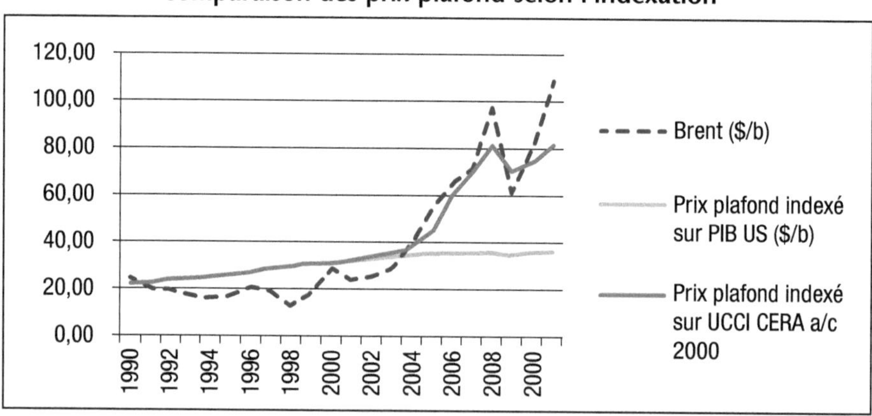

Le *cost oil* disponible pour récupérer les coûts, qui n'augmente qu'en fonction du PIB américain, ne permet plus de récupérer les coûts qui s'accroissent proportionnellement au prix du pétrole.

Quand le prix du pétrole augmente considérablement, le prix de l'ensemble des services pétroliers s'élève pratiquement à la même vitesse. Tout le monde veut explorer et investir au même moment pour profiter des prix hauts, alors que la base industrielle disponible ne peut pas croître à la même vitesse que la demande. Les sous-traitants pétroliers ont la possibilité d'augmenter leurs prix face à une demande croissante. Cela n'interdit pas l'investissement dans des développements nouveaux, puisque les compagnies utilisent le prix élevé[4] pour calculer la rentabilité de leurs investissements. En revanche, cela détériore fortement le *cash flow* disponible pour des productions de champs anciennement développés. Au-delà, le *cost oil* disponible en valeur plafonnée ne suffit plus pour couvrir la récupération des Opex.

L'État touche une quantité d'argent très importante, mais c'est au détriment de l'investissement pour améliorer la récupération des champs soumis aux clauses de prix plafond.

La clause de prix plafond apparaît donc comme une fausse bonne idée. La clause de prix plancher également, si elle est fixée à 10 $/b indexé. En 1986, comme en 1999, le prix de 10 $ était un prix plancher de fait. À ce niveau, suffisamment de producteurs ne couvrent plus leurs frais variables et arrêtent donc leur production pour que le prix reparte à la hausse.

Le ratio R est nettement plus efficace. Les recettes totales augmentent régulièrement alors que les investissements passés sont fixés. On estime en général que la valeur 1,5 représente le moment où le contractant récupère son investissement (ce n'est pas pour R = 1 à cause de l'inflation), et que 2,5 représente une rentabilité de 15 %.

Si le champ est coûteux à développer et à produire, R montera plus lentement, mais il atteindra les valeurs élevées si le champ s'avère rentable. Si le prix du pétrole monte à des niveaux élevés, le numérateur croîtra rapidement et la part de l'État augmentera plus vite également. Ce ratio permet donc de prévoir une augmentation de la part de l'État en cas de hausse inattendue des prix.

---

4. Aussi bien des Capex et Opex pour les dépenses que du pétrole pour les revenus.

4.2 Renégociations

La renégociation est le seul moyen de revenir sur les termes d'un contrat d'une manière acceptable par les parties signataires du contrat original. On peut distinguer les renégociations de mauvaise foi de celles de bonne foi. Entre les deux, il y a toute une palette de renégociations.

L'Iran, un exemple de renégociations de mauvaise foi

Le contrat de service iranien a été utilisé pour la réhabilitation de champs âgés dont la production diminuait. En règle générale, à la fin de la période de plateau de la production, le champ commence à décliner. La courbe de déclin est globalement exponentielle. Les données de production passée permettent de calculer de manière assez précise le pourcentage de déclin du champ.

Pour construire un contrat de réhabilitation, il faut se mettre d'accord sur la courbe de déclin sans travaux. L'engagement de la compagnie signataire du contrat de service porte à la fois sur le niveau des investissements qu'elle va consentir pour redévelopper le champ et sur le niveau de la production obtenue grâce à ces investissements. La rémunération du contrat de service se fait en dollars par baril, le montant par baril étant défini dans le contrat. Les barils additionnels seront la différence entre la production nouvelle et ce qu'aurait été la production sans investissements, c'est-à-dire la courbe de déclin sur laquelle les deux cocontractants se sont mis d'accord à la signature du contrat.

La renégociation de mauvaise foi commence par la remise en question de la courbe de déclin. Elle peut s'appuyer sur des considérations plus ou moins techniques en construisant un modèle qui prouve que du pétrole additionnel aurait de toute façon été mis en mouvement, par exemple, par la baisse de pression dans le gisement. Il est bien entendu impossible de revenir en arrière pour reconstruire le comportement du champ sans investissements.

Une renégociation de mauvaise foi n'améliore pas l'attractivité pétrolière du pays qui l'engage.

4.2.1 Stabilité économique

Une renégociation de bonne foi peut commencer à la demande d'un des deux signataires si des circonstances particulières le justifient. Tous les contrats pétroliers comportent, vers la fin, une clause de stabilité économique. Cette clause dit en substance que si les conditions économiques changent de manière telle qu'elles déséquilibrent l'économie du contrat, les parties se rencontreront pour discuter (de bonne foi) de la meilleure manière de rétablir l'équilibre économique initialement recherché.

Comme souvent, c'est beaucoup plus facile à écrire qu'à réaliser. Si l'équilibre économique initial est détruit, ce peut être pour plusieurs raisons :

- les deux partenaires perdent par rapport à leurs attentes ;
- les deux partenaires gagnent plus que ce qu'ils attendaient ;
- un des partenaires gagne et l'autre perd.

Le premier cas n'est pas celui qui entraîne le plus de demandes de renégociations. Il correspond le plus souvent à une baisse importante du prix du pétrole. Il n'y a pas d'exemple d'un État demandant des conditions plus favorables pour lui, face à des compagnies pétrolières en mauvaise santé économique. Dans l'autre sens, il est presque impossible pour une compagnie d'obtenir l'introduction d'un prix plancher si cela n'a pas été prévu dès l'origine du contrat. Dans un mécanisme de partage de production, la compagnie pétrolière peut tout au plus obtenir quelque soulagement mineur de manière très confidentielle, afin que les autres compagnies travaillant dans le pays ne viennent pas demander un traitement équivalent.

Le deuxième cas pourrait laisser croire qu'il n'y a pas de problème puisque chaque partie retire beaucoup plus que ce qu'elle imaginait en signant le contrat. C'est pourtant ce cas de figure qui représente le plus grand nombre de renégociations de la part des États. En effet, dans ce cas, l'État s'intéresse moins à ce qu'il gagne en plus qu'à ce que le contractant gagne en plus.

4.2.2 Concessions

Dans un régime de concession, l'État peut modifier unilatéralement la loi. C'est ce qu'ont fait régulièrement les États riverains de la mer du Nord au cours des trente denières années. Chaque fois que la hausse du prix du pétrole rendait trop élevée la part des compagnies, le gouvernement décidait alors unilatéralement d'augmenter la redevance ou un des impôts. Bien entendu, l'industrie d'exploration-production s'indignait et avertissait l'État de l'arrêt programmé des investissements et d'une destruction d'emplois considérable. Mais aucun de ces effets négatifs ne se produisait, car dans la plupart des cas, les équipes en charge savaient doser le prélèvement additionnel.

En mai 2011, la Grande-Bretagne a fait passer le taux de la PRT (Petroleum Revenue Tax, qui s'ajoute à l'IS pour les compagnies pétrolières et gazières) de 20 % à 32 %. Cette augmentation intervenait alors que le prix du pétrole passait de 75 à 116 $/baril. Le chancelier de l'Échiquier annonça en même temps la réversibilité de la mesure si le prix du pétrole redescendait en dessous d'une valeur à définir.

Le porte-parole de l'industrie a présenté une étude concluant que cette mesure allait casser la dynamique de l'investissement en mer du Nord. Le coût de cette surtaxe était estimé à 12 G£ pour la Grande-Bretagne. Quinze mille emplois ne seraient pas créés ; à long terme, le manque d'investissement priverait l'État britannique d'une année de production. Remplacer la production manquante coûterait à la Grande-Bretagne plus de 50 G£, renchérissant le coût de l'énergie pour le consommateur britannique, réduisant drastiquement la sécurité des approvisionnements et augmentant le déficit commercial.

En octobre de la même année, BP a obtenu l'accord du gouvernement britannique pour un développement complémentaire du champ de Clair. Selon le communiqué de presse, BP et ses partenaires[5] investiront 10 G£ dans ce projet, et plus encore dans l'*offshore* britannique. Pourtant, la PRT est toujours à 32 %. L'explication de cet apparent revirement? La taxe additionnelle du gouvernement britannique laisse encore un bon profit aux compagnies engagées en mer du Nord, et la Grande-Bretagne est connue pour adapter son impôt pétrolier, à la hausse comme à la baisse, aux tendances de moyen terme des prix des hydrocarbures.

On voit mal comment la mise en production d'un champ en mer du Nord pourrait être délocalisée dans un pays où l'impôt pétrolier serait plus bas. Le lobby peut dire que les compagnies locales ne travailleront plus dans ces conditions, mais les compagnies chinoises viendront volontiers. Et il restera bien une part importante d'emploi local. Surtout, les compagnies manifestent leur mécontentement, mais continuent à produire. Les investissements sont réalisés, et ce n'est que quand le *cash flow* après impôt ne suffit plus à couvrir les coûts d'exploitation qu'elles arrêtent leurs productions.

C'est sur ce point que le gouvernement britannique a failli. Dans son augmentation de mai 2011, il n'a pas fait de différence entre le prix du pétrole et celui du gaz, nettement plus bas. Il a dû revenir sur l'augmentation de la PRT pour le gaz.

L'industrie accepte que le prélèvement des États s'accroisse avec le prix dans ces pays car, au fil des temps, il est apparu que les États savent aussi améliorer les conditions en cas de baisse des prix. En Grande-Bretagne et

---

5. Chevron, Shell et Conoco.

en Norvège, les redevances ont disparu au début du XXIᵉ siècle, au moment où chaque pays a jugé que son domaine minier devenait moins attractif. Dans un domaine mature, les découvertes sont moins grandes. La suppression de la redevance – taxe à la production indépendante du résultat – rend le domaine minier plus attractif.

Évolution de la fiscalité pétrolière norvégienne entre 1980 et 2010

En 1975 :
– taux d'IS : 50,8 % ;
– *special tax* : 25 % ;
– *uplift* : 150 % (10 % pendant 15 ans).

Modifications 1980 (après le deuxième choc pétrolier) – prix en hausse, durcissement de la fiscalité :
– le taux de la *special tax* est augmenté à 35 % ;
– l'*uplift* est ramené à 100 % (6,67 % sur 15 ans).

Réforme 1986 (prix du pétrole à 10$/b) – baisse de la fiscalité pétrolière :
– le taux de la *special tax* est ramené à 30 % ;
– l'*uplift* est remplacé par une *production allowance*, réduction forfaitaire de la base imposable de 15 % pour les nouveaux champs.

Réforme 1992 – baisse du taux d'impôt sur les sociétés, augmentation de la fiscalité pétrolière spécifique :
– le taux de l'IS est ramené à 28 % ;
– le taux de la *special tax* passe à 30 % ;
– l'*uplift* revient, à 30 % (5 % sur 6 ans).

Réforme 2004 :
– introduction d'une fiscalité spécifique pour les développements nouveaux ;

Réforme 2005 :
– suppression de la redevance ;
– remboursement par l'État des crédits d'impôt pour l'exploration sèche dans l'année ;
– remboursement par l'État des crédits d'impôts sur pertes et *uplift* non récupérés en cas d'arrêt des activités.

L'État règle le partage de la rente en fonction du prix du pétrole. Au fil du temps, le traitement différent des champs anciens et des nouveaux projets, ainsi que des règles fiscales spéciales selon la localisation géographique, est apparu.

Depuis le début du siècle, le gouvernement norvégien estime que son domaine minier est mature. Il prend des mesures avantageuses pour l'industrie. Certaines de ces mesures sont assez techniques. Par exemple, les règles pour la déductibilité des frais financiers ont été modifiées plusieurs fois entre 2002 et 2007.

■ *Cas du Venezuela*

L'histoire des relations entre le Venezuela et les compagnies pétrolières remonte à 1909. Les moments forts sont 1943, la fin de la dictature militaire (1958) et la création de PDVSA par la nationalisation en 1976.

En 1994, pour relancer l'investissement, l'« ouverture »[6] pétrolière a introduit des accords d'association entre PDVSA et des compagnies internationales. Dans ces contrats, l'État n'intervient pas directement par une loi pétrolière, mais indirectement à travers sa compagnie nationale. L'État vénézuélien conserve sa prérogative de modification de la loi pétrolière, mais les contrats signés avec PDVSA ont un statut à part. Les litiges éventuels doivent se régler par arbitrage, et non devant des tribunaux vénézuéliens appliquant la loi locale.

Quatre associations sont créées pour développer le brut lourd de l'Orénoque :
- Cerro Negro : Exxon (41,67 %), BP (16,67 %) et PDVSA (41,67 %) ;
- Ameriven : Chevron (30 %), Conoco (40 %) et PDVSA (30 %) ;
- Petrozuata : Conoco (50,1 %) et PDVSA (49,9 %) ;
- Sincor : Total (47 %), Statoil (15 %) et PDVSA (38 %).

La redevance est fixée au taux le plus bas prévu par la loi, soit 1 % (le maximum légal était de 16,6 %). Le taux d'impôt est celui de l'impôt de droit commun, et non celui de l'impôt pétrolier de 67 % prévu par la loi. Après 10 ans à 1 %, la redevance est passée à 16,6 %. Une provision contractuelle autorise à remonter la redevance avant 10 ans si une rentabilité donnée est atteinte.

En 2001[7], la loi pétrolière augmente la redevance maximale à 30 % et ramène l'impôt pétrolier à 50 %, sans application rétroactive de la loi. En 2004, la redevance sur les associations de l'Orénoque passe de 1 à 16,67 %, ce que la clause de 1994 peut à peu près justifier. Exxon menace d'aller à l'arbitrage, mais ne le fait pas.

En 2007, le gouvernement demande la majorité pour PDVSA dans les concessions de l'Orénoque. Les deux compagnies américaines Conoco et Exxon claquent la porte et vont à l'arbitrage pour cette nationalisation. Chevron et BP restent en conservant le même pourcentage. Sur Sincor, Total et Statoil acceptent de réduire leur participation totale de 62 à 40 % afin que

---

6. *Apertura.*

7. Hugo Chavez a été élu président du Venezuela en 1998.

PDVSA puisse monter à 60 %. Entre-temps, le prix du brut est passé autour de 110 $/b, et la rentabilité des projets respecte les perspectives initiales.

À ce jour, l'arbitrage a permis à la fois au Venezuela et à Exxon de crier victoire ; le premier, puisque l'indemnisation demandée par Exxon a été jugée excessive, la seconde puisque le principe d'une spoliation a été reconnu.

Indépendamment des aspects politiques de cette renégociation avec, d'un côté, le président Chavez montrant sa fermeté nationaliste et, de l'autre, des compagnies américaines allant à l'arbitrage contre l'axe du mal, il est clair que l'absence de flexibilité du contrat initial a rendu la négociation nécessaire. Lorsque les prix du pétrole dépassent 100 $/b, tout contrat qui ne permet pas de modifier les parts respectives de l'État et du contractant en faveur du premier est voué à la renégociation. L'introduction de clauses de flexibilité en faveur de l'État est un élément important de stabilité contractuelle.

■ *Analyse*

Le passage devant le Parlement est toujours rendu difficile par le besoin de récupérer les investissements passés. Nous avons vu, au chapitre 2, que le partage de la rente peut être très favorable à l'État, alors que le partage du baril semble beaucoup le désavantager. Les parlementaires, comme certains chefs d'État, peuvent se demander « naïvement » pourquoi il faudrait payer pour l'investissement qui a déjà été fait.

La logique de nationalisation des actifs rencontre celle de la stabilité des conditions contractuelles. Un État qui refuse le remboursement des investissements nationalise de fait les installations de production construites. S'il accepte d'indemniser la compagnie nationalisée, cela revient en pratique à payer en une fois des remboursements qui auraient été effectués progressivement dans le cadre de la gestion ordinaire du contrat. S'il prend le risque de ne pas indemniser, il devient un pays non respectueux de ses engagements, ce qui peut ne pas lui nuire si son domaine minier est très attractif. Le plus souvent, cependant, les qualités technique et financière des compagnies acceptant de signer de nouveaux contrats en seront diminuées

4.2.3 Contrats de partage de production

Dans un contrat de partage de production, les modifications unilatérales par l'État sont plus difficiles. L'État est engagé par le contrat qu'il a signé avec la compagnie étrangère. Une modification est toujours possible, mais elle exige un accord entre les deux parties signataires.

Ce mécanisme de la renégociation fonctionne dans les deux sens. Il est beaucoup plus facile à une compagnie d'obtenir d'un État des conditions un peu plus favorables à un instant donné, dans la mesure où ces conditions restent confidentielles, et n'entraînent pas des demandes reconventionnelles de l'ensemble des compagnies travaillant dans le pays.

Au Nigéria, la volonté de réformer en profondeur l'ensemble du système de la fiscalité pétrolière (concessions et contrats de partage de production signés sur une période de plus de 30 ans et comprenant donc des dispositions plus ou moins favorables à l'État) est affichée depuis une dizaine d'années. Cette réforme doit également changer le rôle de la société nationale, qui ne peut plus payer sa part des investissements. Dans l'attente de la loi, les investissements pétroliers stagnent. Ce n'est pas tant la crainte d'une fiscalité accrue qui empêche les investissements que l'absence complète de perspectives. Il semble que le président Goodluck comprenne bien qu'une loi mal conçue mais promulguée est préférable à une loi parfaite (si tant est que cela existe) à venir. Mais il a du mal à convaincre les parlementaires, qui trouvent trop généreux pour les compagnies pétrolières tous les projets des gouvernements successifs.

4.3 Compagnies nationales

Les compagnies nationales se sont beaucoup développées depuis 1973. Alors que leur part de la production mondiale était inférieure à 10 % en 1973, elle dépasse aujourd'hui 70 %.

Chaque compagnie nationale a son histoire particulière. La Compagnie française des pétroles[8] a été créée en 1924 pour gérer les parts que le gouvernement français s'est vu attribuer comme dommage de guerre dans l'Iraq Petroleum Company. Statoil a été créée en 1972 par l'État norvégien pour gérer le domaine minier, contrôler les compagnies attributaires de permis et participer comme partenaire dans les associations pétrolières. Pemex (1938) et Sonatrach (1963) sont issues de la nationalisation des compagnies étrangères.

Au Mexique, la nationalisation a été précédée par une période où un département ministériel[9] travaillait en concurrence avec les sociétés

---

8. CFP, qui deviendra Total en 1985.

9. Créé fin 1925 pour développer des champs du domaine fédéral.

privées. La création de la Sonatrach fait suite à celle de l'OPEP et à l'indépendance de l'Algérie.

Même si elles sont différentes, les compagnies pétrolières nationales ont historiquement rempli trois rôles :
- pour les pays ouverts aux compagnies internationales, la compagnie nationale a souvent eu la responsabilité d'attribuer le domaine minier, de fixer les règles techniques et de superviser les opérations pétrolières ;
- la compagnie nationale commercialise le pétrole de l'État (redevance en nature pour les concessions, *profit oil* pour les contrats de partage de production) ;
- elle intervient enfin comme opérateur ou partenaire sur le domaine minier du pays, soit dès la signature du contrat (quand elle est opérateur), soit après une découverte commerciale (elle est alors plutôt partenaire).

Depuis la fin des années 1980, on constate une tendance générale à la séparation entre ces trois rôles. Les pays cheminent sur cette voie à leur rythme, mais cette clarification répond à des besoins identiques. Dans la plupart des cas, l'État souhaite que sa compagnie nationale soit une compagnie pétrolière à part entière. Dans ce contexte, il devient difficile de lui faire jouer simultanément les rôles de partenaire dans certaines associations et d'opérateur en concurrence dans d'autres, tout en lui laissant celui de superviseur de tous. Cette situation génère des conflits d'intérêts multiples. Les données du sous-sol sont coûteuses à acquérir, et essentielles à la bonne appréciation du potentiel d'une zone. Elles sont couvertes par des accords de confidentialité stricts. Pour éviter ces conflits d'intérêts, l'attribution du domaine minier, la fixation des règles techniques et le contrôle et la supervision des opérations techniques sont transférés à un ministère du Pétrole ou des Hydrocarbures.

La compagnie nationale qui collecte la part de l'État recueille une partie très importante de ses ressources budgétaires. Dans un premier temps, le gouvernement peut se contenter de lui faire effectuer pour son compte les investissements d'infrastructure, les achats d'équipement ou des paiements directs. Mais très vite, le parlement, le ministère des Finances ou celui du Budget souhaiteront contrôler les recettes et les dépenses de l'État. Il peut s'agir uniquement d'obliger la compagnie à verser ses recettes sur des comptes du Trésor public. Cela fonctionne bien en concession, avec une redevance payable en espèces. Dans le cas d'un contrat de partage de production, cette démarche oblige à confier la commercialisation du pétrole à l'opérateur, ou à un tiers.

L'État peut obliger la compagnie nationale à présenter des comptes qui mettent en évidence un *cash flow* et un profit et exiger qu'elle lui verse la totalité du *cash flow*. Dans cette hypothèse, le budget d'investissement de la compagnie nationale est décidé par le gouvernement[10], en compétition avec les autres dépenses d'investissements de l'État. Cette solution, de type iranien, est en général mauvaise pour la compagnie nationale, qui peut difficilement investir à hauteur de ses besoins. L'État peut se contenter de tout ou partie du profit[11] de la compagnie nationale, ce qui est une solution plus durable. Les États peuvent enfin être tentés par la privatisation, qui évite de mettre en place une gouvernance efficace de la compagnie nationale.

La Norvège a choisi de privatiser partiellement Statoil et a fait de Petoro un partenaire sans compétence technique, votant sans discussion les budgets proposés par les opérateurs. Les avis techniques sur les propositions sont portés par les personnels techniques du ministère.

4.3.1 Le classement du *PIW* pour 2011 : NOC et IOC

La revue *PIW*[12] publie chaque année son classement des plus grandes compagnies pétrolières. La méthodologie consiste à retenir des éléments opérationnels (réserves, production, effectifs, etc.) qui permettent de comparer des compagnies privées présentant des résultats financiers et des compagnies nationales qui n'en donnent pas. Pour l'année 2011 (données de 2007), quatre des cinq premières sont des NOC détenues à 100 % par leur État d'origine. Trois d'entre elles ne travaillent en exploration-production pratiquement que dans leur pays, seule la CNPC chinoise ayant une activité internationale (intense). La seule compagnie internationale est Exxon, en troisième position. Les cinq suivantes (classées de 6 à 10) sont les autres « majors » américaines et européennes. Sur les vingt suivantes, dix-sept sont des NOC ; Rosneft et Surgutneftegas sont des sociétés russes issues des privatisations « Elstine » et Repsol YFP a changé de périmètre en 2012 à la suite de la renationalisation par l'Argentine de la filiale YPF. Sur les vingt restantes, dix sont des NOC, huit ont leur maison mère en Amérique du Nord, une est anglaise et la dernière est la société TNK-BP en cours de disparition à la fin 2012[13].

---

10. Avec contrôle du Parlement s'il en existe un.

11. C'Est donc un dividende.

12. *Petroleum Intelligence Weekly*.

13. Par vente à Rosneft des parts de deux détenteurs.

Il existe aussi des compagnies nationales à Dubaï, en Afrique (Angola, Guinée équatoriale, Tanzanie, Kenya), en Amérique latine (Équateur, Paraguay, Pérou), en Asie (Philippines, Pakistan, Vietnam) et même en Europe (Finlande, Pologne), mais elles ne sont pas assez importantes pour figurer parmi les cinquante premières. Le Japon, qui n'est certes pas un pays producteur, possède 29,35 % de la société Inpex, dont la mission est de l'alimenter en pétrole et en gaz.

4.3.2 Faut-il privatiser une NOC ?

Si la compagnie nationale devient une compagnie pétrolière comme les autres, pouvant conclure des alliances internationales et aller travailler à l'étranger, doit-elle être privatisée partiellement ou totalement ? La Banque mondiale ou un expert nord-américain répondront par l'affirmative. Il s'agit d'une réponse réflexe qui repose sur l'idée qu'une compagnie nationale est nécessairement mal gérée, tandis que l'introduction d'une équipe dirigeante motivée par la hausse du cours de l'action[14] la transformera automatiquement en un modèle de bonne gestion. Malheureusement, s'il suffisait d'avoir le statut d'entreprise privée pour être bien gérée, les choses seraient bien plus simples. La Banque mondiale et le FMI ont d'ailleurs revu leurs politiques.

Si la privatisation n'est pas l'acte magique qui insuffle l'excellence de gestion, elle se traduit par une diminution du pouvoir de décision de l'État en matière pétrolière, au moins à court et moyen terme sur l'ensemble du domaine minier déjà attribué. Elle peut aussi être vue comme une simple opération de désendettement, où des sommes qui n'arriveraient que progressivement sont tout de suite récupérées. Dans cette approche, il est facile de démontrer que l'État fait une mauvaise opération financière. Le calcul de la valeur économique d'une compagnie pétrolière exige des hypothèses sur le prix du pétrole et du gaz, mais le calcul se fait également en valeur actualisée, ce qui est très pénalisant pour une entreprise pour qui le court terme est 5 ans et le long terme commence après 25 à 30 ans. La taille du marché financier local doit être également prise en compte.

---

14. *Via ses stock-options.*

TABLEAU 4.7 ■ **Le classement du *PIW* pour 2011 (NOC et IOC)**

Rang	Compagnie	Pays de la maison mère du groupe (si IOC) et pourcentage détenu par l'État (si NOC)
1	Aramco	Arabie saoudite (100 %)
2	NIOC[14]	Iran (100 %)
3	Exxon Mobil	États-Unis
4	PDVSA[16]	Venezuela (100 %)
5	CNPC[17]	Chine (100 %)
6	BP	Grande-Bretagne
7	Shell	Grande-Bretagne/Pays-Bas
8	ConocoPhillips	États-Unis
9	Chevron	États-Unis
10	Total	France
11	Pemex[20]	Mexique (100 %)
12	Sonatrach	Algérie (100 %)
13	Gazprom	Russie (50,0023 %)
14	KPC[23]	Koweït (100 %)
15	Petrobras	Brésil (32,2 %)
16	Rosneft	Russie (75,16 %)
17	Petronas	Malaysia (100 %)
18	Adnoc[24]	EAU (100 %)
19	Lukoil	Russie
20	NNPC[25]	Nigeria (100 %)
21	Eni	Italie (30 %)
22	QP[26]	Qatar (100 %)
23	NOC[28]	Libye (100 %)
24	INOC[30]	Irak (100 %)
25	Sinopec[31]	China (71,84 %)

14. National Iranian Oil Company.
15. Egyptian General Petroleum Corporation.
16. Petroleos de Venezuela.
17. China National Petroleum.
18. Oil and Natural Gas Corporation.
19. Petroleum Development Oman.
20. Petroleos Mexicanos.
21. Syrian Petroleum Company.
22. Empresa Colombiana de Petróleos S.A.
23. Kuwait Petroleum Corporation.

Rang	Compagnie	Pays de la maison mère du groupe (si IOC) et pourcentage détenu par l'État (si NOC)
26	Statoil	Norvège (67 %)
27	EGPC[15]	Égypte (100 %)
28	Repsol YPF	Espagne
29	Surgutneftegas	Russie
30	Pertamina	Indonésie (100 %)
31	ONGC[18]	Inde (74,14 %)
32	Marathon	États-Unis
33	PDO[19]	Oman (60 %)
34	EnCana	Canada
35	Uzbekneftegas	Ouzbékistan (100 %)
36	Socar	Azerbaïdjan (100 %)
37	SPC[21]	Syrie (100 %)
38	Ecopetrol[22]	Colombie (89,9 %)
39	Apache	États-Unis
40	CNR	Canada
41	Anadarko	États-Unis
42	Devon Energy	États-Unis
43	TNK-BP	Russie
44	OMV	Autriche (31,5 %)
45	Hess	États-Unis
46	Occidental	États-Unis
47	BG[27]	Grande-Bretagne
48	CNOOC[29]	Chine (66,41 %)
49	Inpex	Japon (29,35 %)
50	KazMunaiGas	Kazakhstan (100 %)

24. Abu Dhabi National Oil Company.
25. Nigerian National Petroleum Company.
26. Qatar Petroleum.
27. British Gas.
28. National Oil Company.
29. China National Offshore Oil Company.
30. Iraq National Oil Company, regroupement de trois compagnies nationales (nord, centre et sud du pays).
31. China Petrochemical Corporation.

Assez classiquement, la structure de l'actionnariat correspond à la taille des marchés financiers, avec un avantage pour le pays d'incorporation de la maison mère.

En 2011, l'actionnariat de Total, la compagnie pétrolière française privatisée en 1991, se décompose en :
- France : 33 % ;
- UK : 10 % ;
- reste de l'Europe : 22 % ;
- Amérique du Nord : 27 % ;
- reste du monde : 8 %.

Petrobras, la compagnie pétrolière brésilienne partiellement privatisée, utilise des actions préférentielles pour distinguer le droit aux dividendes et le droit de vote.

TABLEAU 4.8 ▪ **Actionnariat de Petrobras et droits de vote**

	Dividende	Vote
État brésilien	48 %	64 %
Banque nationale du développement économique et social (Brésil)	12 %	6 %
Privés brésiliens	20 %	15 %
Privés non brésiliens	20 %	15 %

Données 2011

Les privatisations qui visent à développer un actionnariat local et populaire fonctionnent plutôt mal. 1,5 million de citoyens britanniques sont devenus actionnaires individuels de British Gas à l'occasion de sa privatisation en 1986. La plupart ont revendu – certains peu après – pour profiter du fait que le prix d'introduction était bas ; les derniers après le krach d'octobre 1987. Ils représentent aujourd'hui moins de 10 % de l'actionnariat.

Le président kazakh Nursultan Nazarbayev avait un temps envisagé de distribuer gratuitement à ses concitoyens des actions de la compagnie pétrolière nationale KazMunayGas. En août 2012, cette initiative s'est transformée en une offre de vente de 5 % du capital, limitée aux nationaux. Les individus peuvent acheter au maximum 50 actions, et le reste des 5 % sera acheté par les fonds de pension du pays.

Sous la pression de la Banque mondiale et des autres prêteurs multilatéraux de l'Algérie, la Sonatrach algérienne a commencé à préparer des comptes annuels aux normes américaines. La question de la privatisation a été abandonnée dès que l'Algérie a pu, grâce à l'envolée des prix du brut, rembourser ses dettes et reprendre le contrôle de son économie. Dans son cas, le problème était double. En privatisant Sonatrach, l'État algérien perdait le contrôle de 80 % de sa production de pétrole et de 100 % de sa production de gaz, ainsi que des décisions d'investissement et de dividendes. De plus, la taille du marché financier local était si réduite que la quasi-totalité du capital de Sonatrach aurait été détenue par des actionnaires étrangers. Dès lors, la distribution de dividendes n'aurait eu aucun effet positif sur le pouvoir d'achat des Algériens, mais aurait soutenu, au contraire, la consommation aux États-Unis, en Asie et en Europe. La Sonatrach non privatisée a certes encore à faire des progrès en matière de gestion[32], mais l'État n'a pas perdu un levier essentiel dans le développement du pays.

Les compagnies nationales russes – Rosneft pour le pétrole et Gazprom pour le gaz – sont cotées en Bourse. Elles travaillent à l'extérieur de la Russie et concluent des alliances hors du pays avec des compagnies internationales. Elles restent très étroitement contrôlées par le pouvoir politique. Leur accès préférentiel au domaine minier russe (ou revendiqué par la Russie) est un atout dans la construction de leurs alliances.

Les compagnies nationales chinoises sont également cotées. Elles semblent disposer d'une grande autonomie dans leurs opérations extérieures. Une interrogation peut quand même subsister. En cas de tension sur le marché pétrolier, ces compagnies joueront-elles le jeu du marché en vendant la totalité de leur brut équité au mieux offrant, ou redécouvriront-elles leur caractère national pour alimenter directement le marché chinois, retirant ainsi leurs productions de l'offre mondiale ?

L'Aramco saoudienne et la KPC koweïtienne travaillent seules dans leurs pays respectifs. Les compagnies nationales des émirats et du Qatar agissent plus comme des chefs d'orchestre et collecteurs d'impôts que comme des partenaires pétroliers.

---

32. Et le gouvernement algérien en matière de transparence sur l'utilisation de sa part de la rente pétrolière.

4.4 Contrats de service

Le contrat de service est, sinon la forme la plus favorable aux États, du moins celle qui est la plus défavorable aux compagnies pétrolières internationales. Dans un contrat de service, la compagnie pétrolière reçoit le remboursement des coûts qu'elle a engagés, et sa rémunération est fixe par baril produit. Elle n'a donc aucun accès aux profits que pourrait entraîner une augmentation des prix du pétrole. Cette formule de contrat de service, très attrayante pour des pays à fort nationalisme pétrolier, n'est pas accessible à tous les pays producteurs. En effet, pour pouvoir proposer avec succès des contrats de service, il faut avoir un domaine minier particulièrement attractif : système pétrolier prouvé, si possible en pétrole, éventuellement en gaz si le pays n'est pas trop éloigné des marchés.

Le contrat de service est bien adapté à la réhabilitation des champs vieillissants et au développement de champs déjà découverts mais pas encore développés. On retrouve cette combinaison de nationalisme pétrolier et de champs découverts non développés en Iran et en Irak.

Dans les anciennes républiques de l'Union soviétique, de nombreux champs n'étaient pas encore développés. L'URSS disposait d'un ministère de l'Exploration ayant pour vocation de découvrir des champs et de l'expertise de nombreux géologues très compétents. C'est ainsi qu'ont été découverts des champs au Kazakhstan, en Azerbaïdjan ou au Turkménistan. Ces pays n'ont toutefois pas recouru aux contrats de service, essentiellement parce que leurs conseillers pétroliers les ont orientés vers le contrat de partage de production.

Le contrat de service est en revanche mal adapté à de l'exploration pure, à cause de la dissymétrie entre le risque et la rémunération. Dans une phase d'exploration, la compagnie mise la totalité des dépenses. Dans un contrat de concession ou de partage de production, elle peut perdre sa mise si elle ne trouve rien, mais elle obtient, grâce à un accès prévu aux hydrocarbures produits, une rémunération à la hauteur de l'attente de ses prêteurs et de ses actionnaires. Dans un contrat de service, il n'y a aucun accès aux réserves. Il y a bien entendu une rémunération, qui peut être payée en pétrole, mais elle est plafonnée en $/b.

Le contrat de service le plus ancien a été le contrat iranien, appelé « *buy-back* ». Cette formule a dissuadé tous ceux qui l'ont essayée, même les compagnies chinoises.

4.4.1 Le contrat de service iranien (*buy-back*)

Le contractant ne détient pas les droits miniers, et il n'a aucun accès aux hydrocarbures. Il s'engage sur des objectifs chiffrés, un niveau de production journalière et un budget maximum. Il finance et conduit le développement du champ. Il transfère ensuite les opérations et le savoir-faire à la compagnie nationale propriétaire des installations dès leur construction.

Le contrat prévoit le remboursement des dépenses du contractant et le paiement de sa rémunération sur une période délimitée. Il introduit la notion de **pétrole de paiement**, qui couvre à la fois le remboursement et la rémunération. Le versement du remboursement et de la rémunération prend la forme d'un contrat d'« achat »[33] (sans paiement) de pétrole de longue durée avec l'État iranien. Le contractant reçoit et enlève librement le pétrole correspondant à son pétrole de paiement pendant la durée du contrat de service.

Jusqu'aux modifications de 2010, la SEC interdisait de comptabiliser dans les réserves du contractant du pétrole obtenu par un contrat d'achat. Pour les Iraniens, l'innovation contractuelle vient donc de ce que l'accès à l'huile du contractant se fait à travers un contrat d'achat de pétrole et non pas par un droit direct. Ce n'est pas cette innovation légale qui a rendu le contrat de service iranien impopulaire, mais la difficulté rencontrée dans la gestion, qui n'était pas confiée à la compagnie nationale, mais à une agence proche du pouvoir politique. De nombreuses décisions opérationnelles, qui auraient été comprises par les professionnels de la compagnie nationale, ont été rejetées par les gestionnaires au nom du strict respect du contrat. Par ailleurs, et surtout, les conditions économiques ont été rognées au fil des contrats successifs.

---

33. D'où le terme « *buy-back* ».

Exemple d'un contrat de *buy-back* iranien

La compagnie nationale reçoit tout d'abord une redevance de 36 % de la production.

Les coûts récupérables sont, d'une part, les Opex récupérables dans l'année et, d'autre part, les Capex, dont le montant est plafonné à l'engagement pris par le contractant. Les Capex sont récupérables sur une période de 5 ans qui commence à la mise en production.

La rémunération du contractant est étalée sur la durée de la période d'amortissement. Elle peut diminuer si le budget est dépassé ou si le niveau de production contractuelle n'est pas atteint. Il ne peut en revanche y avoir d'augmentation de la rémunération dans le cas où le projet serait réalisé en dessous du budget contractuel, ou si la production se révélait supérieure à l'engagement.

Deux points positifs malgré tout : les coûts non récupérés portent intérêt au taux de Libor + 0,75 % et le contractant reçoit un quitus fiscal pour un montant de 38 % de sa part, l'impôt étant réputé payé par la compagnie nationale.

4.4.2 Contrat de service irakien

Le contrat de service a en revanche très bien fonctionné en Irak, du moins pour les deux premières mises aux enchères. La première mise aux enchères a été faite en mai 2009. Elle portait sur des champs en production, en phase de déclin. La maintenance de ces champs avait été négligée par suite des nombreuses guerres que l'Irak avait engagées ou subies. La production irakienne avait beaucoup baissé, mais les champs négligés conservaient un potentiel de production important.

L'un des problèmes rencontrés par l'Irak dans la définition de son régime pétrolier est le très fort nationalisme de son peuple et de ses parlementaires. La Constitution du pays dit plus ou moins que le pétrole doit être produit par des compagnies nationales[34] et que les réserves ne peuvent appartenir à des compagnies étrangères. Le contrat de partage de production paraît donc anticonstitutionnel. Il est d'ailleurs, de manière ironique, considéré comme une invention des compagnies internationales pour spolier les peuples et les États. Son principal défaut est qu'il autoriserait les compagnies à enregistrer des réserves de pétrole irakien.

---

34. L'Irak en a quatre.

■ *Règles d'accès pour le premier round*

L'Irak met aux enchères sept champs historiques. Pour chacun, l'État fournit le chiffre de production avant travaux[35] (IPR) et une rémunération maximale par baril (MRF). Pour répondre à l'appel d'offres de cette première attribution, les compagnies doivent fournir deux chiffres : un objectif de production en plateau (PPT) et la rémunération par baril demandée (RFB). Le score d'une association est calculé par la formule :
Score = (PPT – IPR) × (50 – RFB).

La compagnie qui obtient le score le plus élevé peut alors accepter la rémunération maximale offerte par le ministère. Si le mieux classé refuse, on le propose au second. Si le second refuse également, on retire l'offre pour ce champ.

Parmi les champs mis aux enchères, prenons l'exemple du champ de Rumaila. L'IPR est de 956 654 b/j (ce qui montre la taille de ce champ). Deux associations ont remis une offre :

TABLEAU 4.9 ■ **Scores des deux associations en concurrence sur Rumaila**

Consortium	RFB ($/b)	PPT (Mb/d)	Score	MRF ($/b)
BP 66,67 % CNPC 33,33 %	3,99	2,85	87,118	2
Exxon 80,1 % Petronas 19,9 %	4,8	3,1	96,884	2

L'association menée par Exxon avait demandé une rémunération par baril de 4,8 $. Elle s'engageait sur un profil de production en plateau de 3,1 Mb/jour. Son score était donc de 96,884. Cette association devançait celle pilotée par BP, qui demandait une rémunération moindre, mais n'offrait qu'un plateau de production de 2,85 Mb/jour. Selon la règle, Exxon a eu la possibilité de prendre ce champ en acceptant la rémunération de 2 $/baril, mais la compagnie a rejeté cette offre.

Sur les six autres champs, quatre ont reçu une offre, mais les associations ont refusé de se contenter de la rémunération maximale par baril du ministère. Deux autres champs ont reçu chacun quatre offres. Dans

---

35. La courbe de déclin est inscrite dans le contrat.

les deux cas, le vainqueur a refusé, et l'association placée en second a également refusé. Toutes ces opérations se faisaient dans des discussions privées entre les associations et le ministère. L'idée générale de l'industrie était que les rémunérations proposées par le ministère seraient refusées par toutes les compagnies, qui manifesteraient ainsi le rejet d'une rémunération insuffisante. Cette démarche a été contrariée quand on a appris que BP avait accepté la rémunération de 2 $/baril sur le champ de Rumaila.

Dès le choc de cette annonce passé, les associations gagnantes qui avaient rejeté l'offre du ministère ont reconsidéré leur réponse, pour accepter les rémunérations proposées.

▪ *Analyse*

Les compagnies pétrolières internationales recherchent de la rentabilité et des réserves. Le contrat de service n'apporte aucun des deux. Elles ont pourtant signé, avec plus ou moins d'enthousiasme, ces contrats.

Le contrat de service est signé avec l'une des compagnies nationales irakiennes, seule habilitée par la loi à développer et à produire un champ pétrolier. L'association signataire doit inclure un partenaire irakien (porté) à hauteur de 25 %. Il est écrit par ailleurs que le seuil des votes nécessaires à la décision est de 70 %, ce qui veut dire que le partenaire porté ne peut pas bloquer le fonctionnement de l'association. Le contrat est signé pour une durée de 20 ans renouvelable par périodes de 5 ans (avec une renégociation des conditions contractuelles au moment du renouvellement).

Les règles de conduite et de contrôle des opérations pétrolières sont écrites pour respecter formellement la loi, tout en laissant celui qui finance en position d'opérateur de fait.

La compagnie internationale reçoit une rémunération par baril et le remboursement de ses dépenses, ainsi que des coûts de déminage et d'amélioration de l'environnement pour des situations préexistantes à la signature du contrat. Dans sa première version, et de manière inhabituelle, le bonus de signature était récupéré en linéaire sur 5 ans. Depuis, les bonus de signature ont été tous ramenés à 100 M$, mais ne sont plus récupérables.

Par trimestre, la rémunération est égale au produit de la production incrémentale et d'un pourcentage de la rémunération par baril. Ce pourcentage varie en fonction de la valeur d'un facteur R (*tableau 4.10*).

TABLEAU 4.10 ▪ **Évolution de la rémunération du contractant en fonction de R**

R	Rémunération par baril
Inférieur à 1	100 % × MRF
Entre 1,0 et 1,25	80 % × MRF
Entre 1,25 et 1,5	60 % × MRF
Entre 1,5 et 2	50 % × MRF
Supérieur à 2	30 % × MRF

R est calculé chaque année. Il s'agit de la version faible, où le dénominateur est égal aux dépenses cumulées.

Le paiement se fait en pétrole, sauf accord des deux parties. Ces modalités de paiement permettent aux compagnies pétrolières internationales d'enregistrer en réserve les volumes qu'elles vont percevoir. Depuis 2010, on peut comptabiliser en réserves des quantités obtenues dans un contrat d'achat à condition que l'on ait participé à la production du brut couvert par le contrat. C'est précisément le cas pour les contrats de longue durée irakiens, sous réserve d'une interprétation souple de la notion d'achat et de remboursement.

Pour le deuxième round, où étaient offerts des champs non développés, le ministère ne communiquait pas à l'avance sa rémunération MRF. Les compagnies donnaient les deux mêmes paramètres que pour le premier round, et le vainqueur emportait l'offre. Le mutisme du ministère s'est avéré payant, puisque les compagnies ont présenté des rémunérations plus basses que ce qu'il était prêt à accepter.

Conforté par ces succès, le gouvernement a conservé le cadre de contrat de service pour l'attribution de permis d'exploration. Ce fut, en mai 2012, avec le quatrième round[36], un échec calamiteux.

Le contrat de service est adapté au développement de champs déjà découverts et à la réhabilitation de champs matures, mais pas du tout à

---

36. Le troisième round a porté sur trois champs à gaz, à développer, selon des règles identiques à celles du deuxième round.

l'exploration. Le risque exploration reste important, même dans un pays comme l'Arabie saoudite ou l'Irak où le système pétrolier est prouvé. Un puits d'exploration sur six en moyenne conduit à une découverte commerciale. La rémunération fixe par baril en cas de découverte n'est pas assez attractive.

Une raison additionnelle de l'échec du quatrième round est qu'une découverte éventuelle ne pourrait pas être développée rapidement, compte tenu des contrats signés par l'Irak à l'issue des rounds 1 et 2 qui porteraient sa production à 12 Mb/jour pendant une dizaine d'années. Le contrat prévoit une possibilité pour l'Irak de repousser jusqu'à 7 ans une mise en production d'un champ découvert. On comprend son intérêt à prouver des réserves sans les produire (si les quotas OPEP restent proportionnels aux réserves des États membres), mais on voit mal comment une compagnie peut justifier de risquer des fonds importants pour laisser les découvertes éventuelles sans perspectives de développement, donc de rentabilité et de comptabilisation de réserves. Ce n'est pas la largesse offerte par l'Irak, une rémunération à Libor + 5 % des dépenses d'exploration engagées en cas de découverte, qui peut faire changer les choses.

Depuis la signature, la plupart des contrats du premier round ont connu des demandes de réaménagement. BP, en particulier, propose de baisser le plateau du champ de Rumaila à 1,8 Mb/jour, au motif d'une meilleure gestion du champ. En échange, la durée du contrat serait immédiatement allongée.

■ *Constitution et contrats*

La question de la constitutionnalité des contrats de partage de production repose sur un grand malentendu. Ce type de contrat a été inventé par l'OPEP pour réaffirmer la souveraineté des États producteurs sur leurs ressources naturelles[37]. La comptabilisation des réserves dans les comptes de l'entreprise heurtait le nationalisme pétrolier des pays fondateurs de l'OPEP, ce qui les a amenés à créer le contrat de partage de production. Dans un CPP, le contractant n'est propriétaire de rien, ni des droits miniers, ni des installations qu'il construit, ni des réserves en terre. Tout reste propriété de l'État, mais cette affirmation a un côté très formel. C'est en effet le contractant qui doit assurer, entretenir, utiliser, réparer

---

37. L'ONU s'était montrée précurseur en affirmant la souveraineté permanente des peuples sur leurs richesses naturelles.

et produire, comme s'il était le propriétaire. Les contrats de partage de production prévoient d'ailleurs que le contractant dispose gratuitement de toutes les propriétés (de l'État) qu'il a construites (installations de production, bases industrielles, quais de chargement, pipelines, etc.) ou qu'il a achetées (camions, voitures, consommables, etc.) pour les opérations pétrolières.

Le contractant n'est pas propriétaire des réserves, mais il a droit à une partie de la production. Les règles de la SEC l'autorisent à inscrire dans ses réserves le volume prévisible de ses droits pendant la durée du contrat. Les nationalistes pétroliers les plus intégristes, indignés par cette comptabilisation, créent le contrat de service. Mais la modification des règles SEC permet la comptabilisation des réserves sous certaines conditions. Le contrat de service irakien le permet, sans mettre en avant cette possibilité pour les signataires.

Les Mexicains proposent en ce moment des contrats de service pour réhabiliter des champs, comme l'ont fait les Irakiens dans leur premier round. Mais à la différence de ces derniers, ils insistent fortement sur le fait que les signataires de ces contrats ne devront jamais inclure dans leurs réserves un seul baril produit depuis leurs champs. Ils mettent en avant leur Constitution. Affirmer que le pétrole et le gaz sont la propriété du peuple mexicain interdirait aux compagnies étrangères de comptabiliser leur part dans leurs réserves. Mais ces données sont présentées dans des buts différents, pour des publics et des usages différents et ne sont en aucune manière exclusifs les uns des autres. C'est aussi ridicule que de dire qu'une compagnie qui inclurait dans le nombre de ses employés les nationaux mexicains réduirait le nombre d'habitants du pays.

Ce qui compte pour un État, c'est moins une affirmation vide de souveraineté qu'un travail approfondi de définition du cahier des charges que le contractant devra respecter : partage du profit pétrolier bien sûr, mais aussi contrôle de la bonne conduite des opérations, des prix de transfert, du respect de l'environnement, du contenu local des prestations et des emplois. Il faut aussi se doter des moyens de faire respecter les contrats. La Norvège n'est pas membre de l'OPEP, mais elle a su, en faisant respecter les règles qu'acceptaient les compagnies désireuses d'explorer son domaine minier et donc signataires de ses contrats, construire une industrie pétrolière et parapétrolière parmi les meilleures du monde. Elle travaille depuis toujours en concession.

Chapitre 5

Proposition de meilleures pratiques contractuelles, depuis l'appel d'offres jusqu'à l'abandon

Aujourd'hui, la position de négociation des États est forte. Le prix du pétrole est élevé et la concurrence entre les compagnies pétrolières pour obtenir du domaine minier est féroce. Même si la plupart des compagnies pétrolières nient l'existence du *peak oil*, il apparaît dans les attributions de domaine minier. Les bonus sont très élevés dans les pays à hydrocarbures prouvés, et les compagnies acceptent des conditions contractuelles favorables aux États. Elles sont prêtes à acquérir des licences d'exploration dans des pays en guerre, comme c'est le cas actuellement en Afghanistan, ou qui ont fait la preuve de leur instabilité politique.

Les compagnies internationales ont beaucoup de mal à reconstituer leurs réserves de pétrole. Elles réussissent à présenter des taux de renouvellement supérieurs à 100 %, à condition de raisonner en barils équivalent pétrole sur la base de leurs réserves totales, avec les nouvelles facilités offertes par la SEC. Les conditions de négociations sont donc favorables aux États producteurs.

Ce chapitre présente les meilleures pratiques à la disposition des États pour construire un régime de partage de la rente pétrolière qui leur soit le plus favorable possible, tout en restant suffisamment attractif pour les compagnies pétrolières. Quelle que soit la qualité du domaine minier d'un pays, ou le niveau des prix du pétrole, il est préférable pour l'État que plusieurs compagnies soient en concurrence s'il veut pouvoir faire accepter les conditions contractuelles les plus avantageuses.

5.1 Choix du régime contractuel

La concession est un système bien adapté pour un pays dans lequel travailleront de très nombreuses sociétés pétrolières. Ce peut être, comme aux États-Unis, avec des blocs *offshore* relativement petits. C'est le régime de la mer du Nord, norvégienne aussi bien que britannique. Les très nombreux opérateurs ont une instance de représentation qui peut servir d'interlocuteur à l'État. Pour bien faire fonctionner une concession et en retirer le maximum, il faut avoir une administration solide et compétente. Le régime de concession permet à l'État de modifier de manière unilatérale le partage. Si l'État a bien fait son calcul, une augmentation de sa part ne se traduira pas par une fuite des compagnies pétrolières internationales. Les évolutions des fiscalités pétrolières norvégienne et britannique en sont un bon exemple.

Une concession permet au contractant d'enregistrer la totalité de ses réserves dans ses comptes. Elle ne convient pas aux États à fort nationalisme pétrolier, sauf s'ils ont compris qu'avoir des réserves dans les comptes de compagnies internationales ne les retranche pas des réserves du pays.

Le contrat de partage de production convient bien aux États qui peuvent proposer un plus petit nombre de blocs, de grande taille si possible. Sur un canevas identique, chaque contrat peut en effet être différent des autres, et traduire un partage légèrement différent de la rente pétrolière moyennant l'adaptation de certains paramètres. La gestion d'un contrat de partage de production est plus personnalisée. L'État doit être représenté par une compagnie nationale qui possédera les droits miniers, les réserves et l'ensemble des installations de production.

Le contrat de service est intéressant pour les États à fort nationalisme pétrolier. Il exige un domaine minier extrêmement attrayant, avec des champs découverts mais non encore développés. Il n'est pas adapté à l'exploration.

5.2 Accès au domaine minier

C'est à l'État qu'incombe la définition de sa politique d'attribution de domaine minier. De toute façon, il est préférable pour les États de bien réfléchir au calendrier des découvertes éventuelles. Attendre la fin d'une campagne d'exploration sur quelques permis peut être une bonne idée. En cas de découverte, les permis suivants seront vendus plus cher. L'État court le risque d'une exploration sèche qui dévalorisera les zones voisines.

5.2.1 Organiser des appels d'offres réguliers

La bonne gestion du domaine minier exige que l'État n'en propose pas une part trop importante à chaque appel d'offres. Il est préférable de faire souvent des appels d'offres. Cela permet de tenir compte des découvertes faites sur les premiers permis offerts. Au fil du temps, les positions de négociation des États vont en s'améliorant : la concurrence entre compagnies est beaucoup plus importante aujourd'hui qu'il y a 20 ans – IOC contre IOC, mais aussi IOC contre NOC. Le prix du pétrole est nettement plus élevé. Les marchés du gaz se développent. Les compagnies ont du mal à renouveler leurs réserves.

5.2.2 Faire payer le droit d'accès à l'appel d'offres

Il s'agit d'une recette de poche, mais beaucoup de compagnies sont prêtes à payer pour obtenir des données techniques. L'achat d'un paquet de données vendu par l'État pour un appel d'offres est un moyen peu coûteux pour les compagnies d'augmenter leur base de données. Il suffit de s'assurer que le prix n'est pas trop élevé par rapport à la qualité du domaine minier.

Par exemple, pour pouvoir participer à la quatrième offre irakienne, les compagnies devaient acheter un paquet de données pour chacun des douze blocs sur lesquels elles pouvaient faire une offre. Les grandes compagnies internationales ont acheté les douze paquets, mais aucune n'a fait d'offre.

5.2.3 Indiquer clairement les critères d'attribution des blocs

Dans plusieurs pays, comme les États-Unis et l'Angola, la compagnie qui propose la plus grosse somme d'argent l'emporte ; en Norvège, c'est celle qui présente le plus important programme de travaux. Si l'attribution se fait selon un critère unique, l'appel d'offres sera *a priori* plus transparent. Si l'État préfère compliquer les choses, pour des raisons qui lui sont propres, il multipliera les critères de choix : bonus, engagements de travaux, paramètres du partage de la rente pétrolière.

Modalités d'appel d'offres 2007-2008 pour l'Angola

L'attribution des blocs se fait selon trois critères : montant des bonus, engagements de travaux et contributions sociales. Les poids respectifs sont donnés à l'avance.

Pour les trois blocs d'*offshore* très profond (46, 47 et 48), le bonus compte pour 70 %, la contribution à des projets sociaux pour 20 % et les engagements de travaux pour 10 %. Pour chaque bloc, des engagements minima sont requis.

Pour les blocs d'*offshore* moins profond, les poids changent :

– Bloc 9 : bonus 80 % ; projets sociaux 20 %.

– Bloc 19 : bonus 70 % ; projets sociaux 20 % ; engagements de travaux 10 %.

– Bloc 20 : bonus 80 % ; projets sociaux 20 %.

– Bloc 21 : bonus 80 % ; projets sociaux 20 %.

Mis à part pour le bloc 19, seul le montant des engagements financiers non récupérables classe les concurrents.

Le ministère de l'Énergie et la compagnie nationale du Kenya (NOCK[1]) mettent à la disposition des compagnies intéressées un contrat de partage de production type avec des blancs à remplir. Ils précisent que tout est négociable : la durée et les engagements d'exploration, les bonus, le *cost stop*, les tranches de partage du *profit oil* en fonction de la production journalière. L'État vise plus une négociation de gré à gré qu'un appel d'offres.

5.2.4 Trouver, si possible, une zone contestée à intégrer dans l'appel d'offres

Il s'agit de profiter d'une idée très répandue chez les géologues des compagnies pétrolières, qui sont persuadés qu'une zone du globe terrestre dans laquelle il est interdit de travailler est nécessairement détentrice d'une très grande quantité d'hydrocarbures. L'impossibilité de travailler peut provenir de restrictions techniques, opérationnelles ou politiques. Aujourd'hui, les géologues imaginent, par exemple, des réserves faramineuses sous la calotte de glace arctique, mais cela ne concerne qu'un petit nombre d'États. Un parc naturel protégé est attrayant, comme en ce moment en République démocratique du Congo. Mais le « bon vieux » domaine minier contesté par deux pays (ou plus) reste ce qui passionne le plus les explorateurs pétroliers.

---

1. National Oil Company of Kenya.

C'est le cas aujourd'hui des Malouines, ou du sud de la mer de Chine. Auparavant, on a connu des engouements pour les îles Hawar, disputées par le Qatar et Bahreïn, pour le Timor-Leste et l'Indonésie. Cela ne veut pas dire qu'il n'y a rien à trouver sous les frontières.

5.2.5 Mettez en vente des données techniques sur votre sous-sol

L'État devient automatiquement propriétaire de toutes les données acquises par les compagnies pétrolières travaillant dans le cadre de permis d'exploration. Sous réserve du respect des accords de confidentialité, qui s'achèvent le plus souvent à la fin de la période d'exploration (en cas d'exploration sèche) ou de la période d'exploitation, l'État peut donc se faire un peu d'argent de poche en revendant des données.

En août 2012, les compagnies pétrolières pouvaient acheter de la sismique couvrant une partie de l'*offshore* norvégien pour la modique somme de 43,2 millions de couronnes plus TVA.

Au Kenya, des données sismiques et leur interprétation sont en vente par paquets de 10 000 $, ainsi que quatre études du potentiel pétrolier réalisées par le Beicip dans les années 1980 pour 5 000 $ pièce.

5.3 Dans le contrat

5.3.1 Ne pas oublier la redevance superficiaire

Par exemple, le contractant versera à l'État les redevances superficiaires suivantes :
- 4 000 \$/km²/an durant la période initiale de l'autorisation d'exploration ;
- 4 000 \$/km²/an durant la première période de renouvellement de l'autorisation d'exploration ;
- 5 000 \$/km²/an durant la deuxième période de renouvellement de l'autorisation d'exploration ;
- 10 000 \$/km²/an durant la période d'une autorisation d'exploitation.

Ne pas hésiter à augmenter la redevance superficiaire pour les zones de développement. Ces zones sont de superficie plus réduite. À la signature du contrat, multiplier par deux la redevance ne changera pas l'économie globale du contrat. Au moment de la décision de développement, ce n'est pas le montant de la redevance superficielle qui fera la différence.

5.3.2 Ne pas oublier les bonus de production cumulée

Par exemple, le contractant paiera à l'État les bonus de production suivants :

- 500 000 $ lorsque la production cumulée de pétrole brut extrait du ou des périmètres d'exploitation atteindra 5 millions de tonnes ;
- 500 000 $ lorsque la production cumulée de pétrole brut extrait du ou des périmètres d'exploitation atteindra 10 millions de tonnes ;
- 500 000 $ lorsque la production cumulée de pétrole brut extrait du ou des périmètres d'exploitation atteindra 15 millions de tonnes ;
- 500 000 $ lorsque la production cumulée de pétrole brut extrait du ou des périmètres d'exploitation atteindra 20 millions de tonnes.

Ad libitum, il vaut mieux parler en tonnes produites qu'en barils. Cela fait moins gourmand (5 millions de tonnes valent un peu moins de 38 Mb).

5.4 Pour faire un bon contrat de partage de production

Aujourd'hui, avec plus de 30 ans d'expérience dans l'utilisation de contrats de partage de production, les négociateurs des États qui souhaitent recourir à ce mode contractuel peuvent tirer quelques leçons.

5.4.1 *Cost stop*

Le *cost stop* est un pourcentage de la production qui limite la quantité de pétrole utilisable à chaque période pour la récupération des coûts. Par exemple, un *cost stop* de 40 % signifie qu'il ne sera pas possible d'utiliser plus de 40 % de la valeur de la production pour récupérer les coûts. Le *cost stop* est très vite apparu indispensable ; la première année, le montant des coûts récupérables est très élevé, puisqu'il comprend la totalité de l'investissement de développement du champ et l'exploration passée en plus des Opex de l'année. En l'absence de *cost stop*, le contractant utiliserait la totalité de la production pendant les trois ou quatre premières années. Pendant ce temps, l'État ne recevrait rien, ce qui n'est pas son objectif.

En pratique, de nos jours, le *cost stop* est compris entre 40 et 60 %. Plus le *cost stop* est élevé, plus le contrat est attrayant pour l'entreprise qui conduit son analyse économique en monnaie actualisée. Elle accorde beaucoup plus de valeur à l'argent reçu très tôt dans la vie du contrat qu'aux sommes reçues plus tard. À l'inverse, un *cost stop* bas retarde la récupération des coûts pour l'entreprise. Dans la négociation, l'État accordera plus facilement un *cost stop* supérieur en échange d'un partage amélioré dans les années plus lointaines du contrat. Les États, s'ils raisonnent en monnaie actualisée[2], utilisent un taux beaucoup plus faible que celui des entreprises cotées en Bourse. Pour des négociateurs gouvernementaux qui sont conscients des différences de taux d'actualisation, cet échange dans le temps peut permettre d'atteindre des équilibres contractuels mutuellement avantageux.

TABLEAU 5.1 ▪ **Exemple chiffré**

Valeur actualisée de 1 G$	Après 5 ans	Après 20 ans
Au taux d'actualisation de 2 %	923 845 $	686 431 $
Au taux d'actualisation de 15 %	571 753 $	70 275 $

En retenant une hypothèse de prix de 100 $/b, on voit qu'autoriser le contractant à recevoir 10 000 b/j de plus dans 5 ans contre une augmentation de la part de l'État de 80 000 b/j dans 20 ans apparaît au négociateur de l'entreprise (travaillant avec un taux d'actualisation de 15 %) comme une opération largement gagnante (près de 100 M$ en monnaie du jour de la négociation). Pour l'État, supposé travailler avec un taux de 2 %, l'opération est également très attractive.

On peut noter, dans un contrat de partage de production, que le *cost stop* joue le même rôle que la redevance d'une concession en ce sens qu'il assure à l'État un revenu proportionnel à la production, quel que soit le prix du pétrole.

Par exemple, un *cost stop* de 50 % et une première tranche de partage de la production de 50 % sont équivalents à une redevance de 25 %.

En effet, puisque seulement la moitié de l'huile peut être utilisée pour récupérer les coûts, l'autre moitié sera du *profit oil* partageable selon les termes contractuels. Si l'État reçoit 50 % de ce *profit oil*, il disposera donc, dès la première période, de 25 % de la production, et ce, quel que soit le prix du pétrole.

---

2. Ce qui est loin d'être le cas général.

FIGURE 5.1 ■ **Décomposition du baril avec un *cost stop* de 50 %**

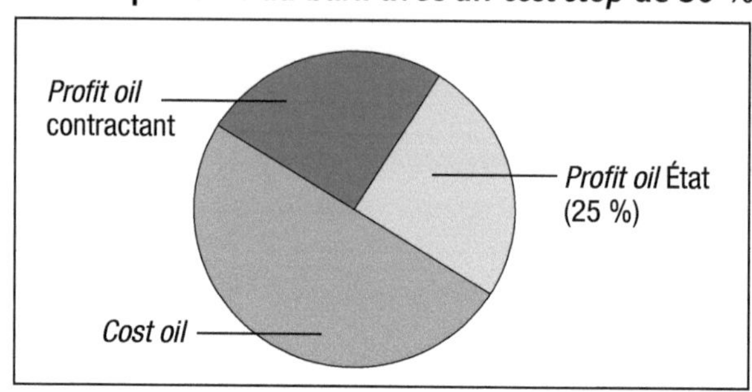

5.4.2 Étalement de la récupération des Capex

Il existe une autre méthode pour éviter que le remboursement des investissements de développement n'utilise une part trop importante de la production dans les premières années : introduire dans le contrat une récupération des Capex de développement en linéaire sur une période donnée (entre 4 et 6 ans).

Un investissement de développement de 1,2 G\$ pourra être récupéré à hauteur de 300 M\$/an si l'étalement se fait sur 4 ans, de 240 M\$/an si l'étalement se fait sur 5 ans ou de 200 M\$/an si l'étalement se fait sur 6 ans.

Certains contrats combinent les deux méthodes, un *cost stop* et un amortissement linéaire pour les Capex de développement.

5.4.3 Partage variable par tranches

La manière de partager le *profit oil* a été l'objet de nombreuses réflexions depuis les premiers contrats de partage de production. Il faut se rappeler qu'un contrat est signé avant de savoir quelle sera la taille de la découverte (en fait, il est même signé avant de savoir s'il y aura une découverte). Les modalités de partage doivent assurer une rentabilité minimale à la compagnie dans le cas d'une petite découverte, sans que cette rentabilité puisse atteindre des niveaux trop élevés dans le cas d'une très grande découverte. L'idée d'avoir des tranches progressives dans le partage du *profit oil* est vite apparue. Les premiers contrats définissaient les tranches de partage à l'aide de quantités physiques, comme des seuils de production.

TABLEAU 5.2 ■ Exemple de clause de partage du PO (contrat angolais)

Niveau de production journalière	Part de l'État	Part du contractant
< 40 000 b/j	50 %	50 %
40 000 < Production < 80 000 b/j	60 %	40 %
> 80 000 b/j	70 %	30 %

On peut améliorer le partage en remplaçant les productions journalières par des productions cumulées. Utiliser les productions journalières peut faire apparaître des effets de seuil. Par ailleurs, il est difficile de mesurer exactement la production journalière moyenne. Des incidents techniques ou des activités de maintenance peuvent faire diminuer la production d'une ou de plusieurs journées. Pour un champ qui produit plus de 40 000 barils/jour, on expliquera, par exemple, qu'on considère que le champ a dépassé le seuil s'il a produit pendant trois, quatre ou cinq jours d'affilée plus que le seuil demandé.

TABLEAU 5.3 ■ Exemple du partage du *profit oil*, Qatar 1994 (première tranche)

Niveau de production cumulée	Part de l'État	Part du contractant
< 15 millions de barils (Mb)	55 %	45 %
De 15 à 30 Mb	60 %	40 %
De 30 à 45 Mb	65 %	35 %
De 45 à 60 Mb	70 %	30 %
> 60 Mb	75 %	25 %

Pendant une assez longue période, le prix du pétrole bougeait dans une fourchette relativement étroite, entre 12 et 18 $/baril. Le problème de la variation du prix d'une période sur l'autre se posait, mais il n'avait pas l'acuité créée par la montée au-delà de 100 $/baril. Tant qu'il s'agissait de se partager une production dont la valeur restait globalement constante d'une année sur l'autre, le problème portait avant tout sur des volumes. L'État souhaitait éviter que la compagnie dispose d'une part trop importante de la production. Quand le prix du brut est passé au-dessus de 25-30 \$/baril, le problème de la valeur de la production s'est ajouté à celui du volume.

Certains pays ont essayé de trouver des tranches de partage de production fonction de la rentabilité pour le contractant. La rentabilité se calcule sur le *cash flow* cumulé du contractant. Le *cash flow* est très négatif pendant la phase d'investissement, puis il remonte à partir du début de la production. Le contractant récupère son investissement lorsque le *cash flow* cumulé[3] est égal à 0. Il commence à retirer de la valeur au-delà. La valeur totale nette est connue à la fermeture du champ (ou à la fin de la période contractuelle, si elle arrive avant la fin des réserves).

FIGURE 5.2 ▪ *Cash flow* **cumulé (M\$)**

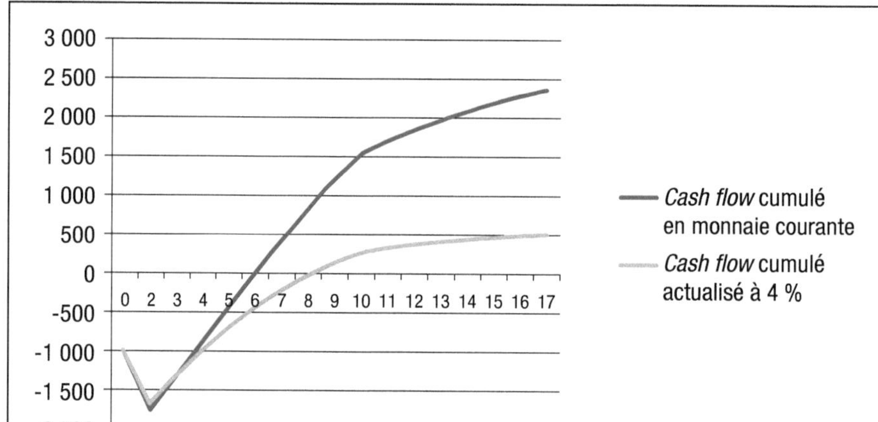

La figure 5.2 montre un profil des *cash flows* cumulés, en monnaie constante et en valeur actualisée à 11 %. L'investissement initial est réalisé dans les 2 premières années. La production commence dès la troisième année. Le *cash flow* cumulé s'annule après un peu plus de 3 ans en monnaie courante, de 6 ans en valeur actualisée.

Au chapitre 2 des exemples de tranches liées à la rentabilité ont été présentés. La difficulté du calcul économique tient au choix du taux d'actualisation. Certains contrats retiennent une estimation du coût du capital de la compagnie pétrolière basé sur un indicateur financier, comme le Libor, avec tous les problèmes que cela pose.

---

3. En monnaie actualisée.

5.4.4 Ratio R

Pour éviter d'avoir à se mettre d'accord avec son contractant sur certains paramètres, l'Angola lui demande de rentrer directement ses données dans un support (de type feuille de calcul Excel) qui calcule automatiquement le taux de partage applicable à la période.

Le ratio R est apparu pour ne pas avoir à faire de calcul économique. Il s'agit de rapporter les revenus du contractant à ses dépenses. Deux versions de ce ratio existent. Dans les deux, la totalité des revenus du contractant est mise au numérateur. Dans la version forte, on met au dominateur la totalité de ses investissements de développement ; dans la version faible, on met au dénominateur la totalité de ses dépenses, y compris les Opex.

TABLEAU 5.4 ■ **Évolution de R dans ses deux versions**

Année	1	2	3	4	5	6	7	8	9	10	11	12	13	14	15
R fort	0,29	0,55	0,80	1,03	1,23	1,62	1,85	2,05	2,23	2,40	2,55	2,69	2,81	2,92	3,03
R faible	0,26	0,47	0,64	0,76	0,85	1,04	1,12	1,18	1,23	1,27	1,31	1,33	1,35	1,37	1,39

Le tableau 5.4 compare l'évolution de R dans ses deux versions, pour le champ de la figure 5.2.

En pratique, dans la version forte du ratio, 1,5 correspond à peu près au moment où le contractant récupère ses investissements et 2,5 environ au moment où il obtient une rentabilité de 15 %. Il est bien entendu possible de développer les tranches en introduisant d'autres valeurs de R, par exemple de 1 à 3,5 avec des incréments de 0,5.

L'avantage de ce ratio est qu'il est facile à calculer, puisqu'il s'agit de faire le rapport de deux sommes immédiatement tirées de la comptabilité. Il prend bien en compte une envolée des prix du pétrole puisque dans ce cas, les coûts récupérables seront rattrapés très rapidement. Les revenus du contractant augmenteront très vite et passeront rapidement au-dessus des seuils contractuels.

On trouve la version faible du ratio dans le contrat de service irakien et la version forte dans le contrat libyen.

Une compagnie internationale privée modélise l'effet des différents paramètres du contrat sur un développement qui lui semble représentatif des champs qu'elle peut découvrir dans le pays et des conditions techniques de développement et de la production (montant des investissements de développement, coût opératoire et profils de production). Pour son calcul économique, une compagnie internationale utilise un taux d'actualisation qui est au moins le coût de son capital. Le taux d'actualisation peut être supérieur dans les pays considérés comme plus risqués, mais jamais inférieur. Un taux d'actualisation élevé conduit à sous-estimer les sommes au-delà de la dixième année. Le négociateur d'un État pourra facilement échanger une petite amélioration de la part de la compagnie dans les toutes premières années de la production contre une part beaucoup plus importante pour l'État dans les années suivantes.

La montée importante de la part de l'État n'intervient qu'après que l'entreprise a déjà atteint une rentabilité élevée pour son investissement. Le ratio R est utilisable dans tous les types de contrats : concessions, contrat de partage de production ou même contrat de service, comme on l'a vu dans le cas du contrat irakien.

5.4.5 Profits tombés du ciel

Plusieurs mécanismes sont proposés. Comme nous l'avons vu précédemment, la définition est délicate, puisqu'elle exige une référence à un prix « normal ». Il est indéniable que les prix constatés à partir de 2005 ont été largement supérieurs à ceux sur lesquels les compagnies avaient décidé de la rentabilité de leurs investissements. Plusieurs mécanismes ont été testés par des États soucieux de capter ces profits :
- retenir un prix artificiel, comme le fait l'Algérie ;
- introduire une taxe additionnelle, comme au Pakistan ;
- changer le partage du *profit oil* (Trinidad-et-Tobago[4]).

L'analyse de ces différentes méthodes montre qu'il est très difficile de trouver le bon équilibre, notamment parce que les coûts pétroliers varient comme le prix du pétrole, et non comme l'inflation (*voir figure 5.2*). Les exemples du Congo ou de Trinidad-et-Tobago établissent qu'il ne faut pas appliquer le mécanisme à la récupération des coûts, mais uniquement à la part restant après récupération, c'est-à-dire à la rente.

Par ailleurs, si le prix du pétrole se stabilise durablement à des niveaux élevés, la notion de profit tombé du ciel disparaît, puisqu'il n'y a plus de

---

4. Ces deux cas sont étudiés dans les exercices 11 et 12.

différence entre le prix retenu pour calculer la rentabilité d'un développement et le prix atteint.

Ces éléments poussent à préférer le ratio R comme moyen d'assurer l'augmentation de sa part en cas de hausse inattendue du prix.

5.4.6 Prix à utiliser pour la récupération des coûts

Puisqu'il y a des fluctuations du prix du pétrole d'une période contractuelle à l'autre, le contrat doit prévoir un mécanisme pour décider du prix auquel se fera le remboursement des coûts récupérables. Dans la plupart des cas, on retient le prix auquel les ventes se sont effectuées toutes les fois qu'elles ne se sont pas faites à l'intérieur du groupe.

Il est difficile de retenir une vente interne, car il y a de bonnes raisons de sous-estimer le prix de vente. Une sous-évaluation de la valeur de la cargaison diminue le résultat de l'exploration-production, là où la pression fiscale est la plus importante. Elle permet de localiser le profit en dehors du pays producteur, où la fiscalité est toujours plus faible. En revanche, pour fixer le prix contractuel, les États peuvent retenir le prix réalisé pour une vente à une société de *trading* de réputation mondiale.

Dans la plupart des contrats, le prix est fixé d'un commun accord entre le contractant et l'État. Pour chaque période, une réunion de fixation du prix est prévue. Chacun apporte les documents justifiant le prix qu'il propose. Si un accord n'est pas trouvé lors de la réunion, les contrats prévoient en général que le prix de la période précédente soit conservé jusqu'à la réunion suivante, à laquelle un accord est attendu. Faute d'accord, les parties iront à l'arbitrage, ce qui les pousse à s'entendre. En effet, une position trop éloignée d'un prix raisonnable risque fort de se faire retoquer par les arbitres.

- Pour le gaz, prendre le prix contractuel s'il s'agit de gaz naturel liquéfié vendu par des contrats de long terme.
- Pour des cargaisons *spot*, prendre le prix FOB s'il ne s'agit pas d'une vente à une filiale.

Il faut noter que la commercialisation du gaz liquéfié est différente de celle du pétrole. Le plus souvent, une cargaison de pétrole brut est allouée à l'un des partenaires, alors qu'une cargaison de gaz naturel liquéfié appartient à la société de liquéfaction. Le produit des ventes n'ira qu'indirectement dans les caisses de chacun des partenaires, à travers la distribution de dividendes de la société de liquéfaction.

5.4.7 Point d'enlèvement

Il faut préciser le point de sortie du périmètre de la fiscalité pétrolière amont. Au-delà, la fiscalité est celle du droit commun. Le plus souvent, c'est la sortie du stockage du terminal pétrolier, mais ce peut être également l'entrée dans le stockage d'une raffinerie locale, ou dans un oléoduc d'exportation. Le contrat peut prévoir plusieurs points d'enlèvement (à terre, en mer, etc.).

5.4.8 Retenue à la source

Le contrat patrimonial règle l'impôt payé par la compagnie contractante. L'opérateur fait largement appel à des sous-traitants. Ceux-ci dégagent dans le pays producteur un profit sur l'activité conduite pour le compte de l'association pétrolière. Si plusieurs associations travaillent dans le pays où la production pétrolière est bien développée, la plupart des sous-traitants disposeront d'un établissement permanent. Ces sous-traitants pourront donc remplir leur déclaration fiscale pour les revenus qu'ils auront dégagés dans le pays, et payer directement leur impôt. Quelques sous-traitants interviennent pour des opérations relativement ponctuelles, et n'ont pas de filiale enregistrée dans le pays.

La meilleure solution pour le pays producteur est d'établir une retenue à la source. L'impôt dû par le sous-traitant sera directement payé à l'État. Par exemple, dans le contrat de partage de production d'Azerbaïdjan de juin 1994, la retenue à la source est de 5 %. L'État azéri estime que le profit du sous-traitant représente 20 % du montant du contrat. Il applique, sur ce profit, l'impôt sur les sociétés au taux de 25 %, ce qui donne les 5 %. Si le montant du contrat est de 100 000 $, l'opérateur ne versera au sous-traitant que 95 000 $ et paiera pour son compte les 5 000 $ d'impôts à l'État azéri.

5.5 Négociation d'un contrat de partage de production

5.5.1 Définition des coûts récupérables

Il est parfois difficile de décrire précisément les coûts qui seront récupérables pendant la durée de vie du contrat. On utilise le plus souvent les coûts constatés dans le passé pour faire la liste de ceux qui sont récupérables, mais il arrive que des coûts nouveaux apparaissent. Il est utile de fixer une règle pour savoir comment traiter ces derniers.

Par exemple, au cours des 30 dernières années sont apparus des coûts d'informatique lourde, d'informatique de bureau, des dépenses importantes liées à la sécurité des installations et des personnels, des obligations de remise en état des sites, des obligations de protection de l'environnement, des taxes environnementales, etc.

Lors des discussions entre l'État et le contractant pendant la phase de gestion du contrat (pendant la phase de production), ce qui n'a pas spécifiquement été inscrit dans le contrat comme un coût récupérable pourra faire l'objet de discussions longues. Recourir à la notion de coûts pétroliers est la meilleure solution. Un coût pétrolier sera récupérable. Il se définit par défaut : si on ne fait pas la dépense correspondante, la production de pétrole s'en trouve pénalisée.

Autour de la notion de coût récupérable, on trouvera des problèmes spécifiques qui sont liés aux transactions entre la filiale et sa maison mère. C'est le problème des prix de transfert. Il peut être avantageux pour la maison mère de facturer à sa filiale des coûts très élevés, afin de réduire son résultat imposable dans le pays. Toute transaction interne sera examinée avec attention. Cela conduit certains États à exclure les frais financiers des coûts récupérables puisque le financement d'un développement par la filiale locale d'un groupe international se fait souvent au moyen de prêts effectués par la maison mère. Comme il est difficile de vérifier que le taux d'intérêt de ces prêts n'est pas plus élevé qu'un taux normal, les frais financiers liés au développement peuvent être rejetés ou remplacés par des intérêts agréés (par exemple Libor plus quelques pour cent).

5.5.2 Charges opérationnelles récupérables (Opex)

- Ne pas oublier d'en exclure spécifiquement les redevances superficiaires, les bonus et tout impôt prévu dans les contrats.
- Des impôts versés en dehors du pays peuvent être récupérables s'ils correspondent à l'activité d'un établissement stable travaillant exclusivement pour les opérations pétrolières du pays hôte. Il peut s'agir de filiales créées pour le projet.
- Rappeler qu'elles doivent être calculées au prix de revient. L'opérateur ne fait pas de profit sur l'activité qu'il exerce pour le compte de ses partenaires ou de l'État.

- Les dépenses de personnel posent le problème de leur environnement, en particulier pour les expatriés. Certains États rechignent à considérer comme récupérables des cotisations pour une retraite qui ne sera pas prise dans le pays.
- Sont généralement récupérables les charges salariales et patronales liées aux lois et règlements, aux conventions collectives et aux contrats de travail du contractant. Sur ce dernier point, la tendance pour les expatriés est de retenir les avantages du contrat de travail, à condition que ce ne soit pas un contrat signé spécifiquement pour l'expatriation en cause.
- Il faudra se prononcer sur les charges d'environnement des expatriés, par exemple :
  - les dépenses d'assistance médicale ;
  - les dépenses de transport des employés, de leur famille et de leurs effets personnels ;
  - les dépenses de logement du personnel, y compris eau, gaz, électricité et téléphone ;
  - les indemnités pour l'installation et le départ dans le pays.
- Le coût des prestations et services ne pose pas de problème s'il s'agit de charges externes. Il faut être attentif au prix retenu pour les facturations internes. L'État trouvera, de son côté, les partenaires de l'opérateur sur ce point.
- Les coûts de réparation et de remise en état des biens communs sont récupérables. C'est l'occasion de faire un choix entre deux méthodes. L'énumération cherche à couvrir tous les cas de figure, par exemple « incendie, inondation, tempête, vol, accident ». La méthode englobante retient « toute cause ». L'énumération est souvent proposée par des conseillers qui pensent faire ainsi la preuve de leur connaissance du sujet. Elle a l'inconvénient majeur de laisser des vides. Comment traiter un tremblement de terre dans l'exemple ci-dessus ? Un ouragan est-il assimilable à une tempête ? Si on ajoute à l'énumération « ... et toute autre cause », faut-il garder le début ?
- Le coût entraîné pour le contractant par les contrôles de l'État est généralement récupérable. C'est l'État qui devra se montrer raisonnable dans les demandes qu'il fait à l'opérateur. La mise à disposition de voitures, la fourniture de matériels et le paiement de frais

de transport pour les personnels de l'État ne seront pas refusés par le contractant dès qu'ils sont récupérables, ne serait-ce que pour le maintien de bonnes relations.

Pourquoi réduire les coûts dans un contrat de partage de production ?

Il s'agit d'une des principales failles du contrat de partage de production. Dans la mesure où le contractant peut récupérer la totalité des coûts pétroliers, il pourrait être conduit à investir en période de désaturation du contrat uniquement pour augmenter ses réserves et sa production. En effet, dans un contrat désaturé, seule une petite partie de la production sert pour récupérer les coûts opératoires, et le *profit oil* est maximal. Si le contractant investit, il va augmenter les coûts récupérables et donc diminuer la part de pétrole revenant à l'État.

Bien sûr, en diminuant le *profit oil* total, le contractant diminue aussi sa part. Mais il ne perd que les barils correspondants à son pourcentage du profit, alors qu'il récupère la totalité des barils transférés au compte de coût récupérable, donc au *cost oil*. Les compagnies pétrolières sont à la recherche de rentabilité, donc de profit. Mais toutes les compagnies pétrolières cotées, qui publient chaque année des chiffres de réserves, peuvent très bien arbitrer en faveur d'un peu plus de *cost oil* contre un peu moins de *profit oil*.

Ce fonctionnement purement mécanique du contrat ne signifie pas que les compagnies investiront systématiquement dans le seul but d'augmenter leurs réserves. Mais l'État sera constamment obligé de vérifier qu'un investissement proposé en phase de désaturation du contrat est bien nécessaire à la bonne gestion du champ. Or, c'est précisément au bout de 5 à 6 années de production que le comportement dynamique du champ permet de mieux ajuster le modèle et de voir si le champ est exploité de manière optimale.

L'opérateur et ses partenaires étant dans la même position vis-à-vis des coûts récupérables, l'État ne peut pas se reposer sur ces derniers pour contrôler l'utilité d'un investissement proposé par l'opérateur. Il lui faudra donc se décider. Les questions délicates auxquelles il lui faudra répondre seront, par exemple :

– L'investissement proposé n'est-il pas uniquement une accélération de la production afin de récupérer le maximum avant la date de fin du contrat, quitte à surproduire le gisement ?

– L'investissement proposé permettra-t-il d'augmenter les réserves récupérables du champ ?

Une réponse négative à cette dernière question ne signifie pas que le travail ne doit pas être fait. Restaurer la productivité d'un puits dont les perforations se sont peu à peu colmatées est une opération nécessaire. Elle se situera la plupart du temps pendant une période de désaturation. De la même manière, forer des puits intercalaires pour récupérer une partie mal drainée du gisement n'apportera peut-être pas de nouvelles réserves. Il faudra quand même les forer pour atteindre l'objectif envisagé lors de la décision de développement.

5.5.3 Suivi du contrat et contrôle de l'opérateur

Le contrat ne peut se limiter aux règles de partage de la rente pétrolière. Les conditions du contrôle des décisions importantes dans la gestion du contrat ainsi que les documents que l'opérateur devra fournir aux administrations pour leur permettre un suivi en temps réel du résultat des opérations doivent être définis de manière précise.

5.5.4 Droit d'audit

L'État, comme les partenaires, dispose d'un droit d'audit sur l'activité de l'opérateur. L'audit, qui représente un élément important de la gestion du contrat, s'effectue en général une fois par an et porte sur l'année précédente. Il permet d'examiner en profondeur des éléments qui ne sont connus qu'après la clôture des comptes annuels (état des stocks, masse salariale totale, etc.). Il ne faut toutefois pas se contenter de ce droit annuel. Le contrat doit être suivi en permanence. Au moment de la préparation du contrat, l'État doit préciser les obligations du *reporting* (contenu et fréquence) qui lui permettra de contrôler le respect des clauses contractuelles.

5.5.5 Comité de gestion

La règle veut que l'État approuve chaque année le programme de travail et le budget présenté par l'opérateur. Le comité de gestion du contrat est composé paritairement de représentants de l'État et de l'opérateur. La modalité optimale est d'avoir **un** représentant de l'État et **un** représentant de l'opérateur ayant pouvoir de décision[5]. L'opérateur fait son affaire de l'accord de ses partenaires, et le représentant de l'État de l'accord des autres départements ministériels. Le comité de gestion doit valider les programmes et les budgets. Sa décision ne peut pas être suspendue à un accord ultérieur du gouvernement.

Si l'opérateur travaille dans le cadre d'une association, programme de travail et budget auront été déjà approuvés par chacun des partenaires (et par leur maison mère), chacun disposant d'un droit de vote égal au pourcentage qu'il détient dans l'association. Dans le comité de gestion du contrat, il est impossible de recourir à un vote puisque ni le représentant de l'État ni l'opérateur ne disposent d'une voix prépondérante. Il faut un

---

5. Ils ont chacun un suppléant et peuvent se faire accompagner de collaborateurs, mais eux seuls peuvent engager l'État ou le contractant.

accord des deux parties. En pratique, lorsque la décision arrive devant le comité de gestion, les désaccords potentiels ont déjà été traités par des sous-comités afin que le comité de gestion puisse prendre une décision unanime.

En pratique, le contrôle de l'État sur des décisions du contractant varie en fonction des périodes contractuelles. L'État peut avoir à accepter formellement les programmes d'exploration, mais il ne peut pas intervenir de manière trop directe puisqu'il ne finance pas cette phase. Il peut user de son pouvoir de persuasion pour discuter de l'implantation ou de l'objectif d'un puits, mais il ne peut pas obliger à modifier le programme ni interdire le forage d'un puits d'exploration. En particulier, si ce puits figure dans les engagements contractuels.

L'État doit approuver le programme d'appréciation d'une découverte, ainsi que la déclaration de commercialité et le programme de développement qui la sous-tend. Il ne peut pas retenir son approbation de manière déraisonnable. Le pouvoir d'intervention de l'État dans les décisions augmente quand le champ entre en production. Dans certains contrats, il ne peut mettre son veto à un programme annuel tant que les investissements initiaux n'ont pas été récupérés (c'est-à-dire tant que le contrat reste saturé). Dès que le contrat est désaturé, le pouvoir de veto de l'État est complet.

5.5.6 Documents à fournir

Le contrat peut prévoir autant de documents de *reporting* que l'État le demande. Il faut au minimum des rapports réguliers sur la production, la commercialisation et l'état des stocks de pétrole. Ces rapports sont complétés par des éléments comptables. Le contrat doit définir la fréquence et le format de ce *reporting* (langue, monnaie, etc.).

D'autres rapports pourront être demandés, sur la sécurité, sur les effectifs et, de manière plus générale, sur le respect des obligations contractuelles non financières. Leur fréquence doit être cohérente avec la capacité de traitement de ces informations par l'État. Chaque année, tous les éléments nécessaires à la clôture des comptes devront être fournis.

L'État ne doit pas se contenter de demander des rapports, il doit se préparer à les utiliser dès qu'ils arrivent. Si la fréquence ou le format ne sont pas respectés, il doit très vite demander à l'opérateur de corriger son défaut. Ce sont les premiers mois de la gestion du contrat qui vont donner le ton pour toutes les années ultérieures. Si l'opérateur ne se sent pas bien contrôlé dès le début, il sera très difficile pour l'État de lui faire respecter l'ensemble des termes contractuels.

5.5.7 Impôt

Une question doit être posée dans la négociation d'un contrat de partage de production. Le versement par la compagnie pétrolière à l'État de sa part de *profit oil* a-t-il la nature d'un impôt? Dans la logique des concepteurs du contrat de partage de production, ce versement ne peut pas être assimilable à un impôt. Le pétrole appartient à l'État. Sa part du *profit oil* n'a jamais appartenu au contractant, et son versement découle uniquement de son droit de propriété. Cette logique est indiscutable sur un plan formel. Les premiers contrats de partage de production interdisaient explicitement de reconnaître l'existence d'un impôt payé par le contractant.

En pratique, la situation est différente. Si l'État producteur a signé avec le pays d'origine de la compagnie internationale un traité de non-double imposition, la reconnaissance par l'État producteur d'un versement ayant le caractère d'un impôt aura, pour le contractant, une valeur économique réelle. L'impôt calculé dans le pays de sa maison mère sera réduit d'une partie ou de la totalité du montant de l'impôt réputé payé dans l'État producteur. La délivrance d'un tel quitus fiscal ne coûte bien évidemment rien à l'État producteur. Il s'agit donc d'un très bon outil de négociation. En échange d'un document qui ne coûte rien à l'État, le négociateur de l'État pourra obtenir une contrepartie favorable.

Comme pour le problème des réserves, l'obstacle à la délivrance d'un quitus fiscal se situe dans un nationalisme pétrolier mal compris. Le quitus sert à diminuer l'impôt de la maison mère du contractant, mais il ne représente aucun manque à gagner pour l'État producteur.

5.6 Compagnie nationale

Le droit, pour une compagnie nationale, d'entrer comme partenaire après une découverte doit être inscrit dans les termes du contrat et le pourcentage qu'elle peut prendre défini, car le niveau d'entrée est important pour le contractant.

Si l'État souhaite conserver une certaine flexibilité, il pourra fixer un pourcentage maximal. En revanche, il n'est pas de règle pour un État de laisser ouverte la possibilité de demander un pourcentage plus élevé que celui qui est dans le contrat.

Du point de vue de l'État, cette clause d'entrée est cohérente avec la décision de faire conduire l'exploration par une compagnie internationale. C'est le contractant qui prend le risque exploration. En cas d'échec, l'État ne perd rien. Il utilise son droit d'entrée en cas de découverte.

Pour le contractant, une clause d'entrée ne change pas la rentabilité d'un projet éventuel, mais augmente le coût de découverte des réserves. En effet, s'il dépense 800 M$ pour trouver 200 Mb de réserves, son coût de découverte sera de 4 $/b. En cas d'entrée de la compagnie nationale à hauteur de 51 %, comme c'est le cas pour les concessions en Algérie, son coût de découverte doublera, puisqu'il n'aura plus droit qu'à 49 % des barils découverts.

Le pourcentage retenu pour l'entrée de la compagnie nationale en cas de découverte varie selon les pays. L'État doit prendre en compte le financement des coûts de développement par sa compagnie nationale. Plus le pourcentage pris est grand, plus le besoin de financement sera élevé. S'il y a beaucoup de découvertes, comme au Nigeria, en Angola ou au Brésil, cela peut se traduire par une demande de financement impossible à satisfaire dans des conditions acceptables pour l'État[6]. Dans les contrats angolais des années 1990, l'État revendiquait pour la Sonangol une part de 49 ou 51 % (à son choix). Il s'est vite aperçu que les contraintes de financement pour la Sonangol étaient intenables. Il a ramené dans les contrats suivants le droit d'entrée autour de 20 %.

Au Nigeria, l'impossibilité pour la NNPC de financer sa part dans les associations où elle est entrée explique que la production du pays soit en baisse depuis 3 ans, alors que son potentiel de développement est important. Cette réduction de la production n'est pas le reflet d'une volonté de préserver des ressources pour les générations futures. L'industrie pétrolière attend la remise à plat de la loi pétrolière, qui pourrait voir le jour fin 2012. Le rôle de la compagnie nationale fait partie des modifications importantes attendues.

---

6. Le coût des prêts bancaires croît avec le niveau d'endettement de la compagnie nationale (ou de l'État).

La compagnie nationale brésilienne Petrobras connaît également ce problème de financement, face à la grande série de découvertes dans son domaine *offshore*, en particulier antésalifère. Petrobras doit assurer le financement des investissements dans les champs qu'elle opère, mais également sa part du financement dans les champs où elle n'est que partenaire.

Certains pays confrontés à ces besoins de financement ont recours au **portage**. Il s'agit de faire payer la part de la compagnie nationale soit par l'opérateur, soit par l'ensemble des partenaires. Cette part est ensuite remboursée, avec un intérêt dont le taux est fixé dans le contrat de portage, sur la part de brut revenant à la compagnie nationale. Cette solution coûte moins cher à l'État qu'un emprunt bancaire. De plus, l'entrée d'une banque dans le financement d'un projet pétrolier le retarde énormément. Chaque décision doit être validée par le comité d'investissement de la banque et tous les contrats de fournisseurs et de sous-traitants doivent être réécrits par les avocats de celle-ci. Surtout, l'appréciation des risques pétroliers par la banque est beaucoup moins bonne que celle du contractant, ce qui explique qu'elle demande des taux d'intérêt beaucoup plus élevés et un accès direct au *cash flow* du projet.

Le portage par l'opérateur permet à la compagnie nationale de financer sa part du développement. Si l'État veut profiter pleinement de sa décision de faire de la compagnie nationale un partenaire dans les associations, il faut qu'il accepte que le portage soit limité aux premiers projets de développement et qu'ensuite la compagnie nationale puisse disposer de son *cash flow* pour financer sa part des investissements suivants. Si ce n'est pas le cas, et que la compagnie nationale demande à se faire porter systématiquement sur tous les développements, l'avantage additionnel que l'État aurait pu se procurer en percevant les recettes de la vente du brut équité revenant à sa compagnie nationale est perdu dans le coût des portages successifs cumulés.

Un bon contre-exemple est la NIOC iranienne, qui n'a pratiquement pas accès à son *cash flow*. Pour se financer, cette société nationale ne peut compter que sur la vente de ses condensats. Indépendamment des sanctions qui touchent l'Iran, la NIOC a été obligée de recourir à des financements de projets, ce qui lui a coûté cher et a limité considérablement ses capacités de développement.

Organisation pétrolière de l'État norvégien

En 1972, l'État norvégien s'est doté d'une compagnie nationale, Statoil, qui avait le droit d'entrer dans les permis après découverte. Au bout de quelques années, Statoil a commencé à prendre des permis comme opérateur.

En 2001, l'État norvégien a privatisé partiellement Statoil. Il en est resté actionnaire majoritaire avec 67 %. L'État conserve le droit d'entrer sur des permis, mais ne peut plus utiliser Statoil pour gérer sa part. Il a créé à cette fin un organisme spécial, appelé Petoro ou SDFI[7].

L'État norvégien choisit, lors de l'attribution des blocs d'exploration dans son *offshore*, ceux des blocs sur lesquels il souhaite que Petoro entre comme partenaire. Il s'agit d'un partenariat strictement financier. Petoro paye sa part des appels de fonds et enlève sa part du brut équité. Il entre dès le début de l'exploration qu'il finance à hauteur de son pourcentage.

Les recettes de l'État norvégien se décomposent de la manière suivante en 2011 :

– impôts pétroliers : 210 milliards de couronnes ;

– vente de sa part de brut équité (SDFI) : 118 milliards de couronnes ;

– dividendes versés par Statoil : 13 milliards de couronnes ;

– taxes environnementales et redevances superficiaires : 4 milliards de couronnes.

On rappelle que la Norvège ne demande plus de redevances depuis 2006.

Ces recettes ne tiennent pas compte de l'apport des secteurs pétrolier et parapétrolier à l'économie norvégienne. Il ne s'agit que de recettes directes.

Les taxes environnementales et les redevances superficiaires sont déductibles de l'assiette de l'IS.

Les proportions entre les différents types de recettes sont assez représentatives des contributions pour les pays producteurs : deux tiers en provenance des impôts et un tiers correspondant à la part de la compagnie nationale.

Les sanctions financières n'ont pas conduit le gouvernement iranien à accroître les ressources de la NIOC, mais ont aidé au développement d'une industrie pétrolière nationale. Le financement de ces compagnies privées est assuré pour une petite partie par le secteur privé et par le système bancaire (plus ou moins) local. Les sanctions internationales auront au moins conduit à une modernisation du système bancaire iranien, que la NIOC appelait de ses vœux sans succès depuis 20 ans.

---

7. State Direct Financial Interest.

5.6.1 Pourquoi se doter d'une compagnie nationale ?

Un État qui veut retirer le maximum de sa compagnie nationale doit garder en tête les principes suivants :

- même si cela exige des fonds, il faut laisser à sa compagnie nationale la possibilité de financer sa part des investissements pour bénéficier de la rentabilité des projets et de l'accès au brut équité dans des conditions satisfaisantes ;
- les États ayant une population jeune et nombreuse doivent inclure dans leurs contrats une obligation de formation des personnels locaux et des quotas d'embauche d'ingénieurs et de techniciens locaux afin de construire un secteur pétrolier porteur d'emplois appuyé sur les richesses non renouvelables du sous-sol. Une clause de transfert de technologie dans les contrats est également utile, mais plus délicate à mettre en œuvre ;
- le positionnement de la compagnie nationale par rapport à l'administration doit être étudié avec beaucoup d'attention. La compagnie doit disposer d'une certaine autonomie de fonctionnement, mais il faut conserver des administrations de contrôle fortes. Ces organes de contrôle supervisent toutes les compagnies travaillant dans le pays, y compris la compagnie nationale, et vérifient le respect des règles contractuelles de partage de la rente pétrolière. Si les salaires de la compagnie nationale sont nettement plus élevés que ceux des fonctionnaires de l'administration chargée du contrôle, l'expertise se concentrera dans la compagnie nationale, ce qui empêchera le bon fonctionnement des instances de contrôle. Faire contrôler les compagnies internationales par une compagnie nationale qui est en même temps leur concurrente n'est pas une solution acceptable[8]. Les recettes fiscales – au sens large – sont plus élevées que celles de la compagnie nationale à travers sa part de brut équité. Ce classement doit être retrouvé dans les priorités de formation des équipes. Il est malheureusement considéré comme moins noble d'être dans les instances de contrôle que dans une compagnie partenaire.

---

8. Même si elle existe dans quelques pays encore peu pétroliers.

5.7 Gestion du contrat

- Ne pas se sentir en situation de faiblesse face à des compagnies pétrolières qui disposent de ressources techniques, juridiques et financières importantes. Il importe que l'État pétrolier dispose d'une administration capable de contrôler les opérateurs et de faire respecter scrupuleusement les termes du contrat. S'il débute, il peut faire appel aux nombreux experts qui l'aideront à construire une fiscalité pétrolière moderne. Les experts américains ou ceux de la Banque mondiale lui diront de privatiser sa société nationale, les experts de l'OPEP – ou ceux circulant dans sa mouvance – l'orienteront vers des contrats de partage de production, alors que les experts norvégiens lui vanteront les mérites de la concession.

- Faire respecter scrupuleusement les obligations contractuelles, en particulier tout ce qui concerne la comptabilité et le *reporting* opérationnel. L'État doit s'attacher à former des fonctionnaires pétroliers capables de faire appliquer rigoureusement les termes du contrat. Les compagnies pétrolières internationales préfèrent avoir comme interlocuteurs des fonctionnaires respectables et qualifiés. En revanche, si elles ont l'impression que leurs interlocuteurs n'ont pas la volonté de faire respecter les clauses du contrat, elles céderont à la facilité.
  Par exemple, il n'est certes pas facile, pour les fonctionnaires tchadiens, de tenir tête à Exxon, opérateur du champ de *Doba,* mais si le contrat stipule que le *reporting* doit être en langue française, c'est tout de suite qu'il faut rejeter les rapports non conformes. Sinon, il sera quasiment impossible d'obtenir par la suite les documents contractuels qui permettront de réaliser un suivi et des audits pétroliers de bonne qualité.

- Faire respecter, avec intelligence, les clauses d'embauche locale et de formation de nationaux. Quand les compagnies voient que les États sont sérieux pour faire respecter les obligations contractuelles autres que celles strictement financières, elles n'hésitent pas à jouer le jeu. Ainsi, après des débuts hésitants, le Nigéria a aujourd'hui une politique très rigoureuse d'embauche de nationaux par les sociétés opératrices. En revanche, un pays voisin qui, plutôt que de faire respecter les règles contractuelles, préfère les remplacer par un paiement en espèces perd toute crédibilité en ce qui concerne le contrôle des opérations.

- Dans le même esprit, s'il existe une clause de contenu local pour les travaux et services passés par l'opérateur, il est important que l'État s'implique dès le début dans la passation des contrats. La Norvège a prévu un pourcentage élevé confié, à compétence égale, à des industries norvégiennes. Même si, au début, les sous-traitants norvégiens n'étaient pas tout à fait de compétence égale, l'amicale pression du gouvernement a poussé à les retenir, ce qui leur a donné les qualifications nécessaires pour construire ce qui est aujourd'hui une industrie parapétrolière de tout premier plan.

- Pour l'audit de l'opérateur, l'État peut se reposer largement sur celui des partenaires. Les partenaires sont en effet des compagnies pétrolières qui disposent de techniciens et d'auditeurs compétents pour vérifier que le compte de coûts communs est bien établi selon les règles de l'accord d'association. Cela n'est pas suffisant pour l'État, puisqu'il existe des coûts communs qui ne sont pas récupérables et que les partenaires n'auraient *a priori* pas de raison de retirer du compte des coûts récupérables des coûts qui n'auraient pas vocation à y figurer. L'État pétrolier devra rapidement constituer une équipe d'auditeurs pétroliers compétents, en nombre suffisant pour pouvoir exercer son droit d'audit sur chaque contrat. Les droits d'audit expirent en général après 3 ans. Un objectif de l'État peut être qu'aucun contrat ne voie son compte de coûts récupérables approuvé par défaut.

5.7.1 Cas particulier : le champ a une durée de vie plus longue que celle du contrat

Quand les profils de production montrent que le champ continuera à produire au-delà de la limite du contrat, l'État est confronté à un problème. En toute rigueur, à la fin du contrat, il devient propriétaire de l'ensemble des installations et des réserves.

Le formaliste objectera ici que, dans un contrat de partage de production, l'État était déjà propriétaire de tout, mais cette clause de propriété est formelle. En pratique, c'est l'opérateur qui assure et entretient l'ensemble des installations de production.

L'État a plusieurs options :

- renouveler le contrat existant avec le même opérateur et les mêmes partenaires (moyennant, bien entendu, le paiement d'un bonus tenant compte des réserves restant à récupérer), avec éventuellement une révision des termes du partage. Certains pays prévoient le renouvellement de droit pour 5 ans de la période d'exploitation. Une telle clause est exceptionnelle dans les pays les plus attractifs, qui veulent conserver le maximum de flexibilité ;

- attribuer le contrat à sa compagnie nationale, qui devient l'opérateur. Il peut s'agir d'un simple transfert de la responsabilité d'opérateur, chaque partenaire conservant les mêmes pourcentages que dans l'association précédente. Cela peut aussi être l'occasion d'introduire dans le tour de table des compagnies pétrolières locales ;
- attribuer le contrat à un autre contractant privé, compagnie locale ou amie.

Dans tous les cas où l'État ne compte pas renouveler le contrat, il se retrouvera confronté au problème de la maintenance des installations et de l'exécution des investissements nécessaires à la poursuite de la récupération optimale. Si l'opérateur n'a pas la confirmation, 4 ou 5 ans avant la date d'expiration de son contrat, qu'il pourra bénéficier d'une extension, il sera moins motivé à dépenser des sommes importantes pour la maintenance des installations. Surtout, il n'effectuera pas les investissements de récupération secondaire ou tertiaire, dont les fruits n'apparaîtraient sous forme d'une production additionnelle qu'après la fin de son contrat.

Le problème de la maintenance peut être réglé en garantissant que tous les coûts engagés à cet effet seront récupérés avant la fin du contrat. Si cette garantie de récupération des coûts de maintenance, traités comme des Capex, ne peut être obtenue, il sera plus difficile d'obliger l'opérateur à effectuer les dernières campagnes de peinture, de révision des circuits électriques ou des tuyauteries.

Le problème de l'investissement pour une récupération secondaire au-delà de l'expiration du contrat ne peut être réglé qu'en assurant à chacun des partenaires – y compris l'opérateur – qu'il aura le même pourcentage d'intérêt dans l'association ultérieure. Cela veut dire qu'il faut que la compagnie nationale, si elle est destinée à devenir l'opérateur, soit déjà présente dans l'association (c'est le plus souvent le cas) et que l'État ne profite pas de la fin du contrat pour faire entrer les compagnies amies.

Pour le moment, aucune disposition contractuelle astucieuse n'a été imaginée pour pousser un opérateur qui sait qu'il ne fera plus partie de l'association après quelques années à effectuer les investissements qui augmenteront la production après son départ. En fait, motiver l'opérateur à simplement effectuer les études d'amélioration de la production est proba-blement impossible si ses équipes ne sont pas suffisamment nombreuses. L'opérateur affectera son personnel à des sujets qui seront plus porteurs de rentabilité pour lui-même.

Conclusion

Enrichir le pays ou ses dirigeants ?

Un État pétrolier doté d'un bon système contractuel peut maximiser son revenu. La question est de savoir si la richesse pétrolière contribue au développement du pays ou ne sert qu'à enrichir certains de ses dirigeants.

L'initiative pour la transparence dans les industries extractives (ITIE)

L'initiative pour la transparence dans les industries extractives, mise en place sous la houlette de la Banque mondiale, essaie de qualifier les bons pays. C'est un système fondé sur le volontariat des États. Un État souhaitant adhérer à cette initiative doit mettre en place une commission tripartite (État, compagnies pétrolières, société civile le plus souvent représentée par des ONG). Les compagnies pétrolières doivent rendre publics, ligne par ligne – c'est-à-dire identifier les redevances, les impôts, et tous les versements qui ont été retenus pour déclaration par la commission tripartite –, les versements faits à l'État. L'État rend public, selon les mêmes lignes, le montant des sommes qu'il a perçues. Un réconciliateur fait le rapprochement entre les différents montants et explique les écarts éventuels.

En Norvège, les écarts proviennent de versements comptabilisés sur des exercices différents, d'affectations erronées ou encore de versements effectués à diverses instances de l'État, mais considérés comme uniques par les compagnies. De plus, des versements effectués en monnaie locale peuvent être reportés avec des taux de change différents.

Dans le rapport 2007 du Kazakhstan, la réconciliation est inutile, car les sommes déclarées par les compagnies et l'État sont égales, pour chacune de la quarantaine de lignes, au dollar près. On peut donc en conclure que les versements pétroliers au Kazakhstan sont totalement transparents et que la totalité des revenus pétroliers va dans les caisses de l'État. Cela montre la limite de l'initiative. Dans les rapports ultérieurs du Kazakhstan, des différences apparaissent et demandent explications.

L'État peut adhérer à l'initiative pour la transparence dans les industries extractives. Cela ne sera toutefois utile que si le plus haut niveau de l'État n'est pas lui-même tenté par la corruption. Plusieurs pays ont manifesté leur intérêt, mais n'ont pas – encore – atteint le stade de pays conforme. La Guinée équatoriale, après avoir manifesté de l'intérêt, a finalement décidé de se retirer, de même que l'Ukraine.

PWYP[1]

Dans le cadre de la loi Dodd-Frank, ou des normes internationales, l'obligation pour les entreprises de déclarer ligne par ligne l'ensemble des versements est aujourd'hui en pourparlers. Hillary Clinton et de nombreuses ONG soutiennent fortement cette obligation.

Après la publication par *Global Witness* d'un rapport détaillant la corruption en Angola[2], BP s'est engagé en 2001 à rendre publiques toutes les sommes versées à l'État angolais et à la compagnie nationale Sonangol, ainsi que la production totale par permis. Mais dès que le président Dos Santos a fait savoir que, dans ce cas, BP serait chassée du pays, cette dernière a dû reculer.

Ceux qui préconisent la publication des chiffres par les sociétés disent attendre une révolte de la population quand elle découvrira l'ampleur de la corruption. Malheureusement, les populations civiles des pays corrompus sont parfaitement conscientes de l'étendue de cette corruption. On connaît les noms des personnes et des sociétés en cause. Les raisons pour lesquelles la situation perdure sont également connues. Il serait beaucoup plus efficace d'inscrire les compagnies corrompues, et les banques qui les aident, sur une liste noire leur interdisant l'accès aux places financières occidentales. L'actualité récente montre que certaines banques n'hésitent pas à faire passer leurs profits avant la lutte antiblanchiment.

---

1. Publish What You Pay (publiez ce que vous payez).
2. *A crude awakening.*

Le FCPA[3] des États-Unis

Le cas de l'Angola a été de nouveau mis en avant en février 2012, lorsque la société Cobalt a été accusée dans le cadre de la législation américaine[4]. On lui reprochait d'avoir comme partenaires des sociétés appartenant à des proches du président de la République ou de l'ancien président de la société nationale. L'entrée de ces sociétés dans le tour de table a été imposée par la Sonangol. Le seul choix du contractant est d'accepter ou de se retirer de l'association. La démarche du département de la Justice américain n'est pas cohérente. Les compagnies américaines qui ont emporté des contrats de service en Irak sont obligées d'accepter dans leur association une société irakienne à hauteur de 25 %. Au moment où les contrats ont été signés, les sociétés irakiennes n'étaient pas encore connues, voire pas encore constituées[5]. Soit on applique la jurisprudence angolaise et on poursuit Exxon et les compagnies ayant signé ce type de contrat, soit – ce qui semble plus raisonnable – on estime que les compagnies ne sont pas responsables des partenaires qui leur sont imposés par les États.

La corruption pétrolière pour les nuls

Il y a d'abord le bonus payé en espèces aux dirigeants, ou à un intermédiaire les représentant. Cette pratique est largement répandue. Elle est justement condamnée dans de nombreux pays, mais pas en Chine, par exemple. Les Chinois n'ont pas de scrupules à utiliser cette méthode si elle leur permet d'obtenir du domaine minier.

Il y a ensuite l'obligation pour le contractant de prendre une compagnie locale comme partenaire en cas de découverte. C'est un avantage exorbitant que seul un État peut imposer. Si le partenaire imposé est la compagnie nationale, il ne s'agit pas de corruption. Mais si c'est une petite compagnie possédée par des amis ou des parents du président, c'est beaucoup plus net.

L'obligation de faire travailler les compagnies locales n'est pas *a priori* assimilable à de la corruption. Les activités d'importation et d'exportation, comme la fourniture de services, sont en revanche des domaines où les compagnies peuvent devoir recourir à des intermédiaires grassement rémunérés[6].

Disposer de la commercialisation du pétrole de l'État est une position enviable. On connaît une société de commercialisation, présidée par le fils du président de la République, qui vend le pétrole de l'État 2 $/baril de moins que le prix du marché. Ce n'est pas que l'homme soit un mauvais négociateur, c'est simplement que les 2 $/baril vont ailleurs que dans les caisses de l'État.

---

3. Foreign Corrupt Practices Act.

4. FCPA.

5. Finalement, il ne s'agit à ce jour que de compagnies nationales préexistantes.

■ *Questions ouvertes sur la corruption*

- Est-ce la responsabilité de l'opérateur et des partenaires internationaux de vérifier la probité des compagnies que l'État leur demande d'accueillir ? Faut-il que les compagnies refusent *a priori* toute demande de ce genre, c'est-à-dire en pratique ne signent pas des contrats comportant de telles clauses ? Certaines compagnies chinoises n'ont pas ces scrupules.
- Faut-il que les compagnies rendent publique la totalité des sommes qu'elles versent à un État pétrolier si cet État l'interdit ? Si l'État l'accepte, on se trouve dans le cadre de l'initiative pour la transparence dans les industries extractives. Dans ce cas, la publication des sommes est nécessaire. Si l'État ne l'accepte pas, on est ramené au problème du paragraphe précédent. Les compagnies devront laisser la place à d'autres, qui ne sont pas tenues par ces règles.

Dans les deux cas, on peut objecter qu'il s'agit d'un raisonnement identique à ceux des marchands d'armes de guerre : si ce n'est pas moi qui le fais, c'est d'autres qui en profiteront. C'est indéniable, mais la question est plutôt de savoir si les obligations qui sont faites aux compagnies pétrolières sont de nature à régler le problème de la corruption. Clairement, la réponse est négative. Les populations des États corrompus sont parfaitement conscientes de la corruption de leurs dirigeants. Ce n'est en général pas suffisant pour qu'elles se révoltent. Elles peuvent toujours manifester leur désaccord dans les urnes, si des élections sont organisées.

La corruption est un fléau qui touche en particulier les États pétroliers. Le moyen d'y mettre fin est effectivement d'avoir plus de transparence dans la totalité des transactions touchant la production et la commercialisation du pétrole. Il est nécessaire que cette volonté de lutter contre la corruption vienne du plus haut niveau de l'État. Si ce n'est pas le cas, les tentatives d'organisations internationales n'ont aucune chance d'aboutir.

Les corruptions mineures se déploient sous le parapluie nauséabond de la corruption des dirigeants. On peut, bien sûr, chercher à éliminer ces dernières, mais cela n'aura aucune efficacité si le travail n'est pas également ment effectué au niveau le plus élevé de l'État.

---

6. En France, dans les années 1980, une compagnie pétrolière nationale utilisait pour ses forages une société dont son président était un important actionnaire.

Comme la précédente, les deux dernières recommandations sortent du cadre du partage de la rente, mais évoquent l'utilisation des sommes reçues. Elles ne seront qu'esquissées, car chacune mériterait un chapitre, sinon un livre.

- **Même un pays producteur ne doit pas subventionner les carburants pour sa population.** Ne pas faire payer aux consommateurs le vrai prix des carburants est une erreur politique majeure. C'est une vision à très court terme, qui devient au fil des années extrêmement coûteuse. Elle conduit au gaspillage et à la contrebande, comme au Nigéria. Si le pays ne dispose pas de capacités de raffinage, la surconsommation oblige à importer, comme en Iran. Toute tentative de revenir sur ses subventions se heurte à des révoltes violentes. Un État pétrolier peut éventuellement ne pas taxer les carburants au-delà de leur coût de revient, à condition qu'il investisse parallèlement dans des infrastructures de transports collectifs.

- **Un pays producteur doit s'attacher à bien traiter les régions d'où proviennent les hydrocarbures.** La production de pétrole et de gaz peut avoir des effets très négatifs sur l'environnement. Il est important qu'une partie des ressources tirées de la production puisse revenir vers les zones productrices. Il s'agit, bien entendu, d'un problème complexe. Dans certains pays, le problème régional se confond avec des problèmes ethniques ou religieux. Il ne faut pas que les recettes restent au niveau central. Des budgets et des emplois doivent être visibles dans les régions productrices. Le Nigéria connaît ce problème dans le delta du Niger et le pays Ogoni. Dans les concessions *onshore* aux États-Unis, le gouvernement fédéral reçoit une redevance de 12,5 % de la valeur de la production. Chaque État reçoit au minimum 25 % du bonus et de la redevance pour les blocs situés sur son territoire. La loi pétrolière du Pakistan prévoit un partage des ressources entre le gouvernement fédéral et le gouvernement de la province productrice.

Exercices

Exercice 1 : Notion de rente

Une production à terre au Nigeria a pour coût de découverte et de développement 8 \$/b, auquel il faut ajouter des coûts opératoires de 12 \$/b. La qualité du brut produit est très proche de celle du Brent, mais le transport vers les raffineries de la zone ARA coûte 2 \$/b de plus que pour une livraison de Brent dans ces mêmes raffineries.

Quelle est la rente associée à cette production ?

Exercices 2 et 3 : Concession britannique

Pour les champs développés depuis 1993, la fiscalité pétrolière britannique au 1er janvier 2013 se compose de :

- l'impôt sur les sociétés (Corporate Tax, CT) au taux de 30 %[1] ;
- un impôt supplémentaire (Supplementary Charge Rate, SCR) au taux de 32 %.

La redevance a été abolie, comme en Norvège, depuis 2003.

Il existe une frontière fiscale (*ring fence*) qui sépare les activités d'exploration-production d'une compagnie de ses autres activités, pétrolières – comme le raffinage et la distribution – ou non. Cette frontière est semi-perméable. On ne peut pas récupérer des pertes du raffinage sur des profits EP, mais on peut récupérer des pertes d'exploration sur des profits du raffinage. Les pertes sont reportables en avant sans limite.

---

1. Il s'agit d'un taux supérieur à celui de la CT pour les autres industries, qui a été ramené à 25 % en 2012.

Le prix retenu pour calculer les revenus est le prix réalisé pour une vente à une société non affiliée, ou le prix défini par l'autorité fiscale[2] pour toute autre vente.

L'assiette de la CT et celle de la SCT sont légèrement différentes.

Opex et Capex sont déductibles du revenu ; les dépenses d'exploration et les investissements de développement sont récupérables dès la première production.

Les frais financiers ne sont pas déductibles pour la SCR.

Pour un petit champ, une déduction forfaitaire est applicable pour le calcul de la SCT. Elle est égale à 150 M£ si les réserves sont inférieures à 6,25 Mt (environ 45 Mb), et décroît linéairement jusqu'à 0 pour des réserves de 7 Mt (50 Mb) et au-delà.

Cette déduction est disponible dès la première production ; elle est utilisable en cinq parts égales sur les 5 premières années du champ.

Exercice 2

Calculer le partage de la rente pour le champ suivant :
- investissement : 1 200 M$;
- profils de production, de prix, d'Opex et de frais financiers :

Année	1	2	3	4	5	6	7	8	9	10	11	12	13	14
Volume (Mb)	10	10	10	10	9	8	8	7	7	6	5	4	3	3
Prix ($/b)	80	95	110	130	100	110	125	125	125	125	125	125	125	125
Opex (M$)	200	212	224	236	225	214	224	213	201	190	180	144	113	107
Frais financiers (M$)	10	9	8	7	5	3	1							

Exercice 3

Supposons maintenant que la compagnie souhaite développer le champ de caractéristiques suivantes :

---

2. HM Revenue & Custom (HRMC).

Année	1	2	3	4	5	6	7	8	9	10	11	12	13	14
Volume (Mb)	5	5	5	5	4	4	4	3	3	3	2	2	1	1
Prix ($/b)	80	95	110	130	100	110	125	125	125	125	125	125	125	125
Opex (M$)	200	212	224	236	225	214	224	89	93	98	68	72	38	40
Frais financiers (M$)	7	6	5	4	3	2	1							

Question 1

Le champ peut-il bénéficier d'une déduction forfaitaire ?

Question 2

Si oui, quel en est le montant ?

On prendra l'équivalence suivante : 150 M£ = 242 M$.

Question 3

En supposant que le développement soit réalisé pour un investissement de 900 M$, quel sera le partage de la rente ?

Exercice 4 : Concession angolaise

En pratique, les contrats signés sous le régime de la concession angolaise ont connu des prix du pétrole – mais aussi des coûts de développement et d'exploitation – beaucoup plus faibles que ceux retenus dans l'exemple 2.

L'exercice consiste à étudier le partage de la rente pour le champ de caractéristiques suivantes :

Année	1	2	3	4	5	6	7	8	9	10	11	12	13	14
Volume (Mb)	10	10	10	10	9	8	8	7	7	6	5	4	3	3
Prix ($/b)	18	18	28	24	25	29	38	55	65	72	97	62	79	111
Opex (M$)	40	42	44	46	44	41	43	39	41	37	33	27	22	23
Capex (M$)	300													

Le régime pour l'Angola (*onshore*) comprend :
- une redevance au taux de 20 % de la production à la tête de puits ;
- deux niveaux d'impôt sur le résultat :
    - la PTT (Petroleum Transaction Tax) au taux de 70 %,
    - la PIT (Petroleum Income Tax) au taux de 65,75 %.

Les coûts déductibles du revenu pour la PTT sont :
- les Opex ;
- l'amortissement (dépréciation linéaire sur 6 ans) avec un *uplift* de 50 % ;
- une déduction forfaitaire[3] de valeur égale à 6,1 \$1993/baril, indexée de 5 %/an.

Les coûts déductibles pour la PIT sont :
- les Opex ;
- l'amortissement avec *uplift* ;
- la redevance ;
- la PTF.

Exercice 5

Question 1

Soit un pays disposant de grandes quantités de brut extra-lourd. Lors de la négociation initiale, l'État propose le régime contractuel suivant :
- durée du contrat = 25 ans ;
- redevance = 1 % ;
- impôt = 34 % ;
- les Capex, les Opex et la redevance sont déductibles du revenu pour le calcul de l'assiette de l'impôt. Les Capex sont amortis en linéaire sur 10 ans.

À la date de la négociation (1997), le prix du Brent est 20 \$/b. Le brut extra-lourd se vend avec une décote de 3 \$/b.

La production commence après 5 ans d'investissement.

L'investissement total s'élève à 2,6 G\$.

---

3. Appelée *production allowance*.

Production et Opex pour les 20 années sont :

	1	2	3	4	5	6	7	8	9	10
Production (Mb)	50	50	50	50	50	50	50	50	50	50
Opex (M$)	500	515	530	540	545	550	555	560	570	580
	11	12	13	14	15	16	17	18	19	20
Production (Mb)	50	50	50	50	50	50	50	50	50	50
Opex (M$)	610	650	700	734	756	779	802	816	825	840

Calculer les termes du partage entre l'État et le concessionnaire.

Question 2

En 2004, le Brent atteint 38 $/b. L'État augmente le taux de la redevance à 16,7 %.

Calculer les nouveaux termes du partage en supposant que la décote du brut extra-lourd s'est accrue à 4 $/b et que le nouveau profil d'Opex est le suivant :

Année	2004	2005	2006	2007	2008	2009	2010	2011	2012
Opex (M$)	637	656	675	696	716	738	760	783	806
Année	2013	2014	2015	2016	2017	2018	2019	2020	2021
Opex (M$)	831	855	881	908	935	963	992	1021	1052

Question 3

En 2006, le prix du Brent atteint 65 $/b. L'État augmente le taux de la redevance à 33 %, et le taux de l'impôt à 50 %. Calculer les nouveaux termes du partage en supposant que la décote du brut extra-lourd s'est accrue à 5 $/b et que le profil d'Opex n'a pas changé.

Question 4

La modification des termes de la concession est-elle acceptable pour le concessionnaire ?

Exercices 6 à 10 : CPP

Exercice 6

Le CPP prévoit une redevance de 10 % de la production. Le *cost stop* est fixé à 50 % des revenus après redevance. Les coûts non récupérés sont reportés en avant sans limite autre que la fin du contrat. Les Opex sont récupérables dans l'année, ainsi que les dépenses d'exploration engagées avant la décision de développement du champ. La récupération des investissements de développement (Capex) se fait en linéaire sur 5 ans. Ils bénéficient d'un *uplift* (majoration forfaitaire) de 20 % (soit 4 %/an sur chacune des 5 années). Le taux de partage du *profit oil* est fixé à 70 % pour l'État, et donc 30 % pour le contractant. Le *profit oil* est défini comme la quantité d'huile restant après redevance et *cost oil*.

Étudier le partage de la rente entre l'État et le contractant pour le champ suivant :
- coûts de développement du champ (en $ de l'année 0) : 1 000 M$ en année 0 et 850 M$ en année 1 ;
- le champ produit pendant 15 ans, années 2 à 16, selon le profil suivant :

Années	0	1	2	3	4	5	6	7	8	9	10	11	12	13	14	15	16
Production (Mb/an)			20	20	20	20	20	20	18	16	15	13	12	11	10	9	8

C'est-à-dire un plateau de production de 6 ans à hauteur de 20 Mb/an, suivi d'un déclin de 10 %/an (la production de l'année 8 est celle de l'année 7 multipliée par 0,9, et ainsi de suite jusqu'à l'année 16, dernière année de production).

Les coûts d'exploitation (Opex) sont de 9 $ (année 0)/baril. Ils évoluent comme l'inflation, dont le taux est de 3 % sur l'ensemble de la période.

Il y a 180 M$ de dépenses d'exploration récupérables dès la première année de production.

On supposera le prix du pétrole égal à 80 $/b sur toute la période.

Faire la comparaison avec une récupération des Capex en linéaire sur 4 ans au lieu de 5, en conservant l'*uplift* à 20 %.

Exercice 7

Même question avec le partage suivant du *profit oil*.

	État	Contractant
R < 1	50 %	50 %
1 < R < 1.5	60 %	40 %
1.5< R < 2.5	70 %	30 %
2.5 < R	80 %	20 %
3 < R	90 %	10 %

Où R est le ratio : revenus cumulés du contractant / dépenses cumulées du contractant.

Exercice 8

Même question si le profil de prix du brut est le suivant :

Années	0	1	2	3	4	5	6	7	8
Prix ($/b)			80	95	110	130	100	110	125
Années		9	10	11	12	13	14	15	16
Prix ($/b)		125	125	125	125	125	125	125	125

Exercice 9

Même question en supposant un coût récupérable additionnel de 850 M\$ chacune des années 6 et 8 et de 700 M\$ en année 10, sans modification du profil de production. On prendra le prix du brut égal à 80 \$/b sur toute la période de production.

Exercice 10

On supposera que le *profit oil* change en fonction de la production cumulée. Avec les données de l'exercice CCP 1, on introduira la modification suivante :

Le contractant doit payer :
- un bonus de production de 50 M\$ quand la production cumulée atteint 100 Mb. La part de l'État dans le *profit oil* augmente à 75 % ;
- un bonus de production de 50 M\$ quand la production cumulée atteint 200 Mb. La part de l'État dans le *profit oil* augmente à 80 %.

Exercice 11 : Trinidad-et-Tobago

Le contrat de partage de production est utilisé pour l'*offshore* profond. C'est un modèle assez classique, avec un *cost stop* fixé à 60 % de la production. Il n'y a pas de redevance. Les Capex de développement sont récupérables dans l'année.

Les coûts non récupérés sont reportés en avant sans limite de temps.

Le partage du *profit oil* est fait selon le niveau de la production journalière et selon le prix du pétrole. Le contractant est exonéré des impôts pétroliers (PPT[4], SPT[5]) et non pétroliers (taxe chômage de 5 % sur une assiette, fond vert de 0,1 % du chiffre d'affaires).

Les deux originalités du CPP de Trinidad-et-Tobago sont :
- l'appel d'offres construit sur le taux de partage du *profit oil*. Le soumissionnaire doit remplir le tableau suivant en proposant pour chaque cas la part de *profit oil* de l'État (en %) :

Production (b/j) / Prix ($/b)	< 50	50 à 75	75 à 100	> 100
Moins de 75 000	X	X	X	X
De 75 à 100 000	X	X	X	X
De 100 à 150 000	X	X	X	X
De 150 à 200 000	X	X	X	X
Plus de 200 000	X	X	X	X

- si on appelle BR le taux de partage proposé pour le prix supérieur à 100 $/b, ce taux sera modifié en pratique selon la formule suivante :

$$\text{Part de l'État} = BR + 70*[(P - 100)/P]*(1 - BR)$$

où P est le prix constaté du pétrole sur la période. Il s'agit d'une clause de captation de « profit tombé du ciel »[6].

Par exemple, si le taux proposé pour l'État est 30 % et si le prix du pétrole est 120 $/b, le taux de partage pour l'État sera : $30 + 70 \times 20 \times 70/120 = 41,7$ %.

---

4. Petroleum Profit Tax.
5. Supplementary Petroleum Tax.
6. *Windfall profit*.

Question 1

Calculer les valeurs de la part de l'État pour les valeurs de BR comprises entre 30 % et 70 % (variant par intervalles de 10 %) et un prix du pétrole variant entre 100 et 150 \$/b (variant par intervalles de 10 \$/b).

Question 2

En retenant les valeurs suivantes, étudier le partage de la production pour le champ de caractéristiques suivantes :
  • clauses de partage du *profit oil* :

Production (b/j) \ Prix (\$/b)	< 50	50 à 75	75 à 100	> 100
Moins de 75 000	50 %	55 %	60 %	65 %
De 75 à 100 000	55 %	60 %	65 %	70 %
De 100 à 150 000	60 %	65 %	70 %	75 %
De 150 à 200 000	65 %	70 %	75 %	75 %
Plus de 200 000	80 %	80 %	80 %	80 %

  • caractéristiques du champ :

Année	1	2	3	4	5	6	7	8	9	10	11	12	13	14
Volume (Mb)	10	10	10	10	9	8	8	7	6	6	5	4	3	3
Prix (\$/b)	80	95	110	130	100	110	125	125	125	125	125	125	125	125
Revenu (M\$)	800	950	1 100	1 300	900	880	1 000	875	875	750	625	500	375	375
Capex	1 200													
Opex (M\$)	210	221	232	243	230	214	225	207	217	195	171	144	113	119

Question 3

Identifier, dans le partage de la rente, la part de l'État provenant de la clause de profits tombés du ciel.

Exercice 12 : CPP Pakistan *offshore* 2013

- Redevance

Redevance croissante en fonction du temps de production.

Nombre de mois depuis la première production commerciale	Redevance (%)
0 à 48	0
49 à 60	5 %
61 à 72	10 %
73 et plus	12,5 %

La redevance est déductible pour le calcul de l'IS.

- IS

IS sera payé au taux de 40 % sur les profits.

- **Profits tombés du ciel, version CPP pour pétrole et condensats**

Le montant de cet impôt est défini par la formule suivante :

$$\text{WLO} = 0{,}4 \times \text{SCO} \times (P - B)$$

SCO est la part de brut allouée au contractant. P est le prix du marché et B est le prix de base, égal à 40 \$/baril à la signature du contrat, cette valeur étant par la suite augmentée de 0,5 \$/baril/an à partir de la date de la première production commerciale dans la zone.

Toutefois, si le prix du pétrole dépasse 110 \$/baril, le taux de l'impôt devient 100 %. La valeur de 110 \$/baril sera modifiée lorsque la dynamique de formation des prix sur le marché international changera de manière substantielle.

Il existe également une formule pour le gaz.

- Amortissement

La récupération des Capex se fera comme suit :

Puits d'exploration positifs et de développement	Linéaire sur 4 ans
Puits d'exploration secs	En charge dès la première production
Capex de développement	Amortissement dégressif 20 %

Pertes reportées en avant sans limitation de durée.

- *Cost stop*

85 % du revenu avant redevance.

- **Partage du PO**

Le partage dépend des profondeurs d'eau et du réservoir. Il varie en fonction de la production cumulée.

1. Profondeur d'eau < 200 m et réservoir à moins de 4 000 m :

Production cumulée	Part de l'État		Part du contractant	
Mbep	Liquides	Gaz	Liquides	Gaz
0 – 100	20 %	10 %	80 %	90 %
> 100 – 200	25 %	15 %	75 %	85 %
> 200 – 400	40 %	35 %	60 %	65 %
> 400 – 800	60 %	50 %	40 %	50 %
> 800 – 1200	70 %	70 %	30 %	30 %
> 1200	80 %	80 %	20 %	20 %

2. Profondeur d'eau comprise entre 200 et 1 000 m ou réservoir plus profond que 4 000 m en eau peu profonde :

Production cumulée	Part de l'État		Part du contractant	
Mbep	Liquides	Gaz	Liquides	Gaz
0 – 200	5 %	5 %	95 %	95 %
> 200 – 400	10 %	10 %	90 %	90 %
> 400 – 800	25 %	25 %	75 %	75 %
> 800 – 1200	35 %	35 %	65 %	65 %
> 1200 – 2400	50 %	50 %	50 %	50 %
> 2400	70 %	70 %	30 %	30 %

3. Profondeur d'eau supérieure à 1 000 m :

Production cumulée	Part de l'État		Part du contractant	
Mbep	Liquides	Gaz	Liquides	Gaz
0 – 300	5 %	5 %	95 %	95 %
> 300 – 600	10 %	10 %	90 %	90 %
> 600 – 1200	25 %	25 %	75 %	75 %
> 1200 – 2400	35 %	35 %	65 %	65 %
> 2400 – 3600	45 %	45 %	55 %	55 %
> 3600	60 %	60 %	40 %	40 %

- **Bonus de production**

Production cumulée	Montant ($)
Mise en production	600 000
60 Mbep	1 200 000
120 Mbep	2 000 000
160 Mbep	5 000 000
200 Mbep	7 000 000

Exemption de droits de douane et TVA.

- **Taxe pour le développement de la recherche côtière et marine**

USD 50 000/an	Jusqu'à la découverte
USD 100 000/an	Entre découverte et déclaration de commercialité
USD 250 000/an	Pendant la phase de développement
USD 500 000/an	Pendant la phase de production

Durée de la phase de développement et production : 25 ans, avec possibilité d'extension de 5 ans.

- **Redevance superficiaire annuelle**

50 000 $ + 10 $/km².

Calculer le partage pour ce contrat avec le champ suivant :

Année	1	2	3	4	5	6	7	8	9	10	11	12	13	14
Volume (Mb)	10	10	10	10	9	8	8	7	6	6	5	4	3	3
Prix ($/b)	80	95	110	130	100	110	125	125	125	125	125	125	125	125
Revenu (M$)	800	950	1 100	1 300	900	880	1 000	875	875	750	625	500	375	375
Capex	1 200													
Opex (M$)	210	221	232	243	230	214	225	207	217	195	171	144	113	119

On supposera que les Capex sont constitués de :
- puits d'exploration secs : 100 M$;
- puits d'exploration positifs et développement : 600 M$;
- installations de production : 500 M$.

Le champ est situé dans une profondeur d'eau comprise entre 200 et 1 000 m. On suppose que le PO est ce qui reste après paiement de la redevance et du *cost oil*. On négligera la redevance superficiaire et la taxe pour la recherche.

Corrigé des exercices

Exercice 1

Pour le Nigeria :
- coût total de production : 20 \$/b ;
- différentiel de qualité : 0 ;
- différentiel de transport : 2 \$/b.

Pour un prix du Brent de 110 \$/b, la rente (avant impôt) est de $110 - 22 = 88$ \$/b.

Une indication du différentiel de qualité : le brut mexicain de qualité maya a une densité de 20,5°API (et une teneur en soufre de 3,3 %). En janvier 2013, il est vendu au chargement au Mexique avec un différentiel de :
- à destination des États-Unis : 5,95 \$/b ;
- à destination de l'Europe : 2,75 \$/b ;
- à destination de l'Asie : 7,30 \$/b.

Exercice 2

La première année est déficitaire. La différence avec la concession norvégienne se situe dans la possibilité de récupérer les investissements dès la première année. Cela entraîne une charge largement supérieure aux revenus, d'où un crédit d'impôt reporté la deuxième année.

Le tableau pour l'ensemble de la production est :

Année	1	2	3	4	5	6	7	8
Volume (Mb)	10	10	10	10	9	8	8	7
Prix ($/b)	80	95	110	130	100	110	125	125
Revenu (M$)	800	950	1 100	1 300	900	880	1 000	875
Capex	1 200							
Opex (M$)	200	212	224	236	225	214	224	207
Frais financiers (M$)	10	9	8	7	5	3	1	
Calcul de la CT								
Assiette (M$)	− 610	729	868	1057	670	663	775	668
Taux	30 %	30 %	30 %	30 %	30 %	30 %	30 %	30 %
CT (M$)	− 183*	36	260	317	201	199	233	200
Calcul de la SCT								
Assiette	− 600	738	876	1 064	675	666	776	668
Taux	32 %	32 %	32 %	32 %	32 %	32 %	32 %	32 %
SCT (M$)	− 192*	44	280	340	216	213	248	214
***Cash flow* après impôt**	590	649	327	399	253	251	294	254
Impôt total (M$)	− 375	80	541	658	417	412	481	414

* Report en avant

Année	9	10	11	12	13	14	Total
Volume (Mb)	7	6	5	4	3	3	**100**
Prix ($/b)	125	125	125	125	125	125	
Revenu (M$)	875	750	625	500	375	375	**11 305**
Capex							
Opex (M$)	217	195	171	144	113	119	**2 701**
Frais financiers (M$)							**43**
Calcul de la CT							
Assiette (M$)	658	555	454	356	262	256	
Taux	30 %	30 %	30 %	30 %	30 %	30 %	
CT (M$)	197	166	136	107	79	77	**2 208**
Calcul de la SCT							
Assiette	658	555	454	356	262	256	
Taux	32 %	32 %	32 %	32 %	32 %	32 %	
SCT (M$)	211	177	145	114	84	82	**2 369**
***Cash flow* après impôt**	250	211	173	135	100	97	**3 983**
Impôt total (M$)	408	344	281	221	162	159	**4 577**

Pour une production totale de 100 Mb, avec les hypothèses de prix du brut, le revenu total est de 11 305 M$. Les sommes nécessaires à la production s'élèvent à 2 744 M$ de dollars de charges opérationnelles et 1 200 M$ d'investissements de production. La part de l'État est de 4 202. La part de la compagnie est le montant des revenus totaux moins les investissements, les coûts et les impôts, soit 2 783 M$[1]. La rente totale pour ce champ est de 7 361 M$. L'État en récupère 62,2 % et la compagnie 37,8 %.

Exercice 3

Question 1

Le chiffre des réserves prévisionnelles est le total des productions attendues, c'est-à-dire 47 Mb. Le champ peut donc bénéficier de la réduction forfaitaire.

---

1. C'est également la somme du *cash flow* moins l'investissement 3983 – 1200 = 2783.

Question 2

Le montant de la réduction forfaitaire est :

$$242* (50\text{-}47)/5 = 145,2 \text{ M\$}$$

C'est-à-dire 29 M$/an pour chacune des 5 premières années.

Question 3

Le tableau pour l'ensemble de la production est :

Année	1	2	3	4	5	6	7
Volume (Mb)	5	5	5	5	4	4	4
Prix ($/b)	80	95	110	130	100	110	125
Revenu (M$)	400	475	550	650	400	440	500
Capex	900						
Opex (M$)	200	212	224	236	225	214	224
Frais financiers (M$)	7	6	5	4	3	2	1
Calcul de la CT							
Assiette (M$)	− 707	257	321	410	172	224	275
Taux	30 %	30 %	30 %	30 %	30 %	30 %	30 %
CT calculée (M$)	− 212	− 135	− 39	84	52	67	83
Report en avant CT		− 347	− 386	− 302	− 250	− 183	− 100
CT payée (M$)	0	0	0	0	0	0	0
Calcul de la SCT							
Déduction forfaitaire	29	29	29	29	29		
Assiette	− 729	234	297	385	146	226	276
Taux	32 %	32 %	32 %	32 %	32 %	32 %	32 %
SCT calculée (M$)	− 233	− 158	− 63	60	47	72	88
Report en avant SCT		− 392	− 455	− 395	− 348	− 276	− 188
SCT payée (M$)	0	0	0	0	0	0	0
Cash flow après impôt	193	257	321	410	172	224	275
Impôt total (M$)	0	0	0	0	0	0	0

Pour une production totale de 47 Mb, avec les hypothèses de prix du brut, le revenu total est de 5 290 M\$. Les sommes nécessaires à la production s'élèvent à 2 061 M\$ de charges opérationnelles et 900 M\$ d'investissements de production. La part de l'État est de 566. La part de la compagnie est le montant des revenus totaux moins les investissements, les coûts et les impôts, soit 1 763 M\$[2]. La rente totale pour ce champ est de 2 329 M\$. L'État en récupère 24,3 % et la compagnie 75,7 %.

Année	8	9	10	11	12	13	14	Total
Volume (Mb)	3	3	3	2	2	1	1	**47**
Prix (\$/b)	125	125	125	125	125	125	125	
Revenu (M\$)	375	375	375	250	250	125	125	**5 290**
Capex								
Opex (M\$)	89	93	98	68	72	38	40	**2 033**
Frais financiers (M\$)								**28**
Calcul de la CT								
Assiette (M\$)	286	282	277	182	178	87	85	
Taux	30 %	30 %	30 %	30 %	30 %	30 %	30 %	
CT calculée (M\$)	86	85	83	55	53	26	26	
Report en avant CT	− 14	70						
CT payée (M\$)	0	70	83	55	53	26	26	**313**
Calcul de la SCT								
Déduction forfaitaire								
Assiette	286	282	277	182	178	87	85	
Taux	32 %	32 %	32 %	32 %	32 %	32 %	32 %	
SCT calculée (M\$)	92	90	89	58	57	28	27	
Report en avant SCT	− 96	− 6	83					
SCT payée (M\$)	0	0	83	58	57	28	27	**253**
***Cash flow* après impôt**	286	212	111	69	68	33	32	**2 663**
Impôt total (M\$)	0	70	166	113	110	54	53	**566**

---

2. C'est également la somme du *cash flow* moins l'investissement 3983 – 1200 = 2783.

On voit que la part de l'État dans le partage est plus faible que dans le cas de l'exercice 2. L'État accepte cette diminution, car elle est nécessaire à la décision d'investissement. En augmentant le *cash flow* des 5 premières années pour la compagnie pétrolière, l'État lui permet d'accroître sa rentabilité. Du point de vue de l'État, cette réduction du revenu par l'impôt pétrolier est (plus ou moins) compensée par les recettes provenant du maintien de l'activité : impôts sur les profits des sous-traitants, sur le revenu de tous les salariés ainsi que l'ensemble des revenus indirects liés aux dépenses locales des salariés et des sous-traitants maintenus en activité.

Exercice 4

Année	1	2	3	4	5	6	7	8
Volume (Mb)	10	10	10	10	9	8	8	7
Prix ($/b)	18	18	28	24	25	29	38	55
Revenu (M$)	180	180	280	240	225	232	304	385
Capex	300							
Amortissement	50	50	50	50	50	50		
uplift	20	20	20	20	20	20		
Opex (M$)	40	42	44	46	44	41	43	39
Déduction forfaitaire	61	64	67	71	67	62	65	60
Redevance	36	36	56	48	45	46	61	77
Calcul de la PTF								
Assiette (M$)	9	4	99	53	45	59	196	286
Taux	60 %	60 %	60 %	60 %	60 %	60 %	60 %	60 %
PTF (M$)	5	2	59	32	27	35	117	171
Calcul de la PIT								
Revenu après PTF (M$)	175	178	221	208	198	197	187	214
Opex (M$)	40	42	44	46	44	41	43	39
Redevance	36	36	56	48	45	46	61	77
Amortissement	50	50	50	50	50	50		
Assiette	49	50	71	64	60	59	83	97
Taux	66 %	66 %	66 %	66 %	66 %	66 %	66 %	66 %
PIT (M$)	32	33	46	42	39	39	54	64
Cash flow après impôt	67	67	74	72	70	70	28	33
Part totale de l'État (M$)	73	71	162	122	111	121	233	312

La rente totale est de 4 237 M$. La part de l'État est 71,5 %.

Année	9	10	11	12	13	14	Total
Volume (Mb)	7	6	5	4	3	3	**100**
Prix ($/b)	65	72	97	62	79	111	
Revenu (M$)	455	432	485	248	237	333	**4 216**
Capex							
Amortissement							
uplift							
Opex (M$)	41	37	33	27	22	23	**522**
Déduction forfaitaire	63	57	50	42	33	35	**796**
Redevance	91	86	97	50	47	67	**843**
Calcul de la PTF							
Assiette (M$)	351	338	403	179	183	276	
Taux	60 %	60 %	60 %	60 %	60 %	60 %	
PTF (M$)	210	203	242	107	110	166	**1 487**
Calcul de la PIT							
Revenu après PTF (M$)	245	229	243	141	127	167	
Opex (M$)	41	37	33	27	22	23	
Redevance	91	86	97	50	47	67	
Amortissement							
Assiette	112	106	114	64	58	78	
Taux	66 %	66 %	66 %	66 %	66 %	66 %	
PIT (M$)	74	69	75	42	38	51	**700**
Cash flow après impôt	38	36	39	22	20	27	**664**
Part totale de l'État (M$)	375	359	413	199	195	284	**3 030**

Exercice 5

Question 1

Année	2002	2003	2004	2005	2006	2007	2008	2009	2010	2011
Volume (Mb)	50	50	50	50	50	50	50	50	50	50
Prix ($/b)	17	17	17	17	17	17	17	17	17	17
Revenu (M$)	850	850	850	850	850	850	850	850	850	850
Capex	2 600									
Amortissement	260	260	260	260	260	260	260	260	260	260
Opex (M$)	500	515	530	540	545	550	555	560	570	580
Redevance	8,5	8,5	8,5	8,5	8,5	8,5	8,5	8,5	8,5	8,5
Calcul de l'impôt										
Assiette (M$)	82	67	51	42	37	32	27	22	12	2
Taux	34 %	34 %	34 %	34 %	34 %	34 %	34 %	34 %	34 %	34 %
Impôt (M$)	28	23	17	14	12	11	9	7	4	1
Cash flow après impôt	314	304	294	287	284	281	277	274	268	261
Part totale de l'État (M$)	36	31	26	23	21	19	18	16	12	9

La rente totale est 1 442 M$. La part de l'État s'élève à 41,7 %.

Question 2

Année	2004	2005	2006	2007	2008	2009	2010	2011	2012
Volume (Mb)	50	50	50	50	50	50	50	50	50
Prix ($/b)	34	34	34	34	34	34	34	34	34
Revenu (M$)	1 700	1 700	1 700	1 700	1 700	1 700	1 700	1 700	1 700
Amortissement	260	260	260	260	260	260	260	260	
Opex (M$)	637	656	675	696	716	738	760	783	806
Redevance	284	284	284	284	284	284	284	284	284
Calcul de l'impôt									
Assiette (M$)	520	500	481	461	440	418	396	373	610
Taux	34 %	34 %	34 %	34 %	34 %	34 %	34 %	34 %	34 %
Impôt (M$)	177	170	163	157	149	142	135	127	207
Cash flow après impôt	603	590	577	564	550	536	521	506	402
Part totale de l'État (M$)	461	454	447	440	433	426	419	411	491

La rente totale est de 15 696 M$. La part de l'État s'élève à 51,0 %

Année	2012	2013	2014	2015	2016	2017	2018	2019	2020	2021	Total
Volume (Mb)	50	50	50	50	50	50	50	50	50	50	1 000
Prix ($/b)	17	17	17	17	17	17	17	17	17	17	
Revenu (M$)	850	850	850	850	850	850	850	850	850	850	17 000
Capex											
Amortissement											2 600
Opex (M$)	610	650	700	734	756	779	802	816	825	840	12 958
Redevance	8,5	8,5	8,5	8,5	8,5	8,5	8,5	8,5	8,5	8,5	170
Calcul de l'impôt											
Assiette (M$)	232	192	142	107	85	63	39	26	17	2	
Taux	34 %	34 %	34 %	34 %	34 %	34 %	34 %	34 %	34 %	34 %	
Impôt (M$)	79	65	48	36	29	21	13	9	6	1	432
Cash flow après impôt	153	126	93	71	56	41	26	17	11	1	3 439
Part totale de l'État (M$)	87	74	57	45	37	30	22	17	14	9	602

Année	2013	2014	2015	2016	2017	2018	2019	2020	2021	Total
Volume (Mb)	50	50	50	50	50	50	50	50	50	900
Prix ($/b)	34	34	34	34	34	34	34	34	34	
Revenu (M$)	1 700	1 700	1 700	1700	1 700	1 700	1 700	1 700	1 700	30 600
Amortissement										2080
Opex (M$)	831	855	881	908	935	963	992	1 021	1 052	14 904
Redevance	284	284	284	284	284	284	284	284	284	5110
Calcul de l'impôt										
Assiette (M$)	586	561	535	509	481	453	424	395	364	
Taux	34 %	34 %	34 %	34 %	34 %	34 %	34 %	34 %	34 %	
Impôt (M$)	199	191	182	173	164	154	144	134	124	2 892
Cash flow après impôt	386	370	353	336	318	299	280	260	240	7 694
Part totale de l'État (M$)	483	475	466	457	448	438	428	418	408	8 002

Question 3

Année	2006	2007	2008	2009	2010	2011	2012	2013	2014
Volume (Mb)	50	50	50	50	50	50	50	50	50
Prix ($/b)	60	60	60	60	60	60	60	60	60
Revenu (M$)	3 000	3 000	3 000	3 000	3 000	3 000	3 000	3 000	3 000
Amortissement	260	260	260	260	260	260			
Opex (M$)	675	696	716	738	760	783	806	831	855
Redevance	990	990	990	990	990	990	990	990	990
Calcul de l'impôt									
Assiette (M$)	1 075	1 054	1 034	1 012	990	967	1 204	1 179	1 155
Taux	50 %	50 %	50 %	50 %	50 %	50 %	50 %	50 %	50 %
Impôt (M$)	537	527	517	506	495	484	602	590	577
Cash flow après impôt	797	787	777	766	755	744	602	590	577
Part totale de l'État (M$)	1 527	1 517	1 507	1 496	1 485	1 474	1 592	1 580	1 567

La rente totale est de 34 388 M$. La part de l'État s'élève à 70,8 %.

Question 4

La réponse à la question exige de calculer la rentabilité du projet après modifications des termes de la concession. Les compagnies pétrolières recherchent la rentabilité de leurs investissements à un taux au moins égal au coût de leur capital.

En pratique, si l'on considère, comme dans l'exercice, que les investissements ont été réalisés pendant les 5 premières années, à chacune des modifications de la fiscalité, le *cash flow* futur ne dépend plus que de la différence entre le revenu et les Opex d'une part, et le prélèvement de l'État d'autre part. Puisqu'il n'y a plus à investir, les rentabilités calculées à partir des années 2004 et 2006 sont meilleures que la rentabilité initiale.

Année	2015	2016	2017	2018	2019	2020	2021	Total
Volume (Mb)	50	50	50	50	50	50	50	800
Prix ($/b)	60	60	60	60	60	60	60	
Revenu (M$)	3 000	3 000	3 000	3 000	3 000	3 000	3 000	48 000
Amortissement								1 560
Opex (M$)	881	908	935	963	992	1 021	1 052	13 612
Redevance	990	990	990	990	990	990	990	15 840
Calcul de l'impôt								
Assiette (M$)	1 129	1 102	1 075	1 047	1 018	989	958	
Taux	50 %	50 %	50 %	50 %	50 %	50 %	50 %	
Impôt (M$)	564	551	538	524	509	494	479	8 494
Cash flow après impôt	564	551	538	524	509	494	479	10 054
Part totale de l'État (M$)	1 554	1 541	1 528	1 514	1 499	1 484	1 469	24 334

La réponse à la question peut avoir d'autres motivations que purement économiques. Les changements de fiscalité de l'exercice ont eu lieu au Venezuela pour les projets de la ceinture de l'Orénoque.

Projet	Investissement initial	Production de brut (b/j)	Densité du brut (API)	Opérateur – Partenaire
Cierro Negro	1 800 M$	105 000	17°	Mobil – BP – PDVSA (41,67 %)
Petrozuata	2 200 M$	104 000	20°	Conoco – PDVSA (49,9 %)
Sincor	2 600 M$	144 000	32°	Total – Statoil – PDVSA (38 %)
Ameriven	3 500 M$	190 000	25°	Philips – Texaco – PDVSA (30 %)

La décote du Brent augmente quand le °API du pétrole diminue. La densité du Brent est de 38 °API.

L'exercice ne prétend pas traduire la complexité des calculs, mais il peut donner les ordres de grandeur.

Les partenaires non vénézuéliens des deux associations Cierro Negro et Petrozuata sont allés en arbitrage pour nationalisation de leurs actifs.

Exercice 6

Années	2	3	4	5	6	7	8	9
Ventes	1 600	1 600	1 600	1 600	1 600	1 600	1 440	1 296
Redevance	160	160	160	160	160	160	144	130
Opex	191	197	203	209	215	221	205	190
Exploration	180							
CAPEX Dépréciation	450	450	450	450	450	0	0	0
Coûts restant à récupérer		21	0	0	0	0	0	0
Coûts récupérables	821	668	653	659	665	221	205	190
Cost stop	800	800	800	800	800	800	720	648
Report en avant	21	0	0	0	0	0	0	0
Cost oil	800	668	653	659	665	221	205	190
Profit oil	640	772	787	781	775	1 219	1 091	976
Profit oil contractant	192	232	236	234	232	366	327	293
Total *oil* contractant	992	900	889	893	898	587	532	483
Profit oil État	448	540	551	547	542	853	764	683
Total *oil* État	608	700	711	707	702	1 013	908	813

Les réserves totales du champ sont de 230 Mb.

Années	10	11	12	13	14	15	16	Total
Ventes	1 166	1 050	945	850	765	689	620	**18 421**
Redevance	117	105	94	85	77	69	62	**1 842**
Opex	176	163	152	140	130	121	112	**2 625**
Exploration								
CAPEX Dépréciation	0	0	0	0	0	0	0	**2 251**
Coûts restant à récupérer	0	0	0	0	0	0	0	
Coûts récupérables	176	163	152	140	130	121	112	
Cost stop	583	525	472	425	383	344	310	**9 211**
Report en avant	0	0	0	0	0	0	0	
Cost oil	176	163	152	140	130	121	112	**5 056**
Profit oil	873	781	699	625	559	499	446	**11 523**
Profit oil contractant	262	234	210	187	168	150	134	**3 457**
Total *oil* contractant	438	398	361	328	298	270	246	**8 513**
Profit oil État	611	547	489	437	391	349	312	**8 066**
Total *oil* État	728	652	584	522	467	418	374	**9 908**

La rente est égale à la somme de la redevance et du *profit oil*, soit 13 365 M\$.

La part de l'État, 9 908 M\$, en représente 74,1 %.

Le *cost oil* est plus élevé que la somme de l'investissement initial, de l'exploration et des Opex à cause de l'*uplift*, somme récupérée mais non décaissée.

- Le baril de 80 \$ se décompose en :
- récupération des Opex : 11,4 \$/b ;
- récupération des Capex : 10,6 \$/b ;
- part de l'État : 43,0 \$/b ;
- profit du contractant : 15,0 \$/b.

Cas de la récupération des Capex sur 4 ans au lieu de 5. Le tableau devient :

Années	2	3	4	5	6	7	8	9
Ventes	1 600	1 600	1 600	1 600	1 600	1 600	1 440	1 296
Redevance	160	160	160	160	160	160	144	130
Opex	191	197	203	209	215	221	205	190
Exploration	180							
CAPEX Dépréciation	563	563	563	563	0	0	0	0
Coûts restant à récupérer		134	93	58	30	0	0	0
Coûts récupérables	934	893	858	830	244	221	205	190
Cost stop	800	800	800	800	800	800	720	648
Report en avant	134	93	58	30	0	0	0	0
Cost oil	800	800	800	800	244	221	205	190
Profit oil	640	772	787	781	775	1 219	1 091	976
Profit oil contractant	192	232	236	234	232	366	327	293
Total *oil* contractant	992	900	889	893	898	587	532	483
Profit oil État	448	540	551	547	542	853	764	683
Total *oil* État	608	700	711	707	702	1 013	908	813

On constate que le profil de remboursement est légèrement différent. Le contrat reste saturé pendant les 4 années de récupération des Capex de développement. La rentabilité pour l'entreprise est légèrement améliorée, en monnaie actualisée, mais le partage de la rente en monnaie courante reste le même. La durée de l'amortissement des Capex est importante pour l'économie de l'entreprise, mais elle n'est pour l'État qu'un outil de négociation.

Il n'en est pas de même pour l'*uplift*, qui augmente les coûts récupérables pour le contractant et réduit d'autant la rente. Le lecteur pourra vérifier le tableau suivant, pour la même durée d'amortissement des Capex de 4 ans :

Uplift	*Cost oil* (M$)	Rente (M$)	Part de l'État (M$)	Part de l'État (%)
0 %	4 681	13 740	10 171	74,0 %
10 %	4 868	13 553	10 040	74,1 %
20 %	5 056	13 365	9 908	74,1 %
30 %	5 244	13 178	9 777	74,2 %
40 %	5 431	12 990	9 646	74,3 %

Années	10	11	12	13	14	15	16	Total
Ventes	1 166	1 050	945	850	765	689	620	**18 421**
Redevance	117	105	94	85	77	69	62	**1 842**
Opex	176	163	152	140	130	121	112	**2 625**
Exploration								
CAPEX Dépréciation	0	0	0	0	0	0	0	**2 251**
Coûts restant à récupérer	0	0	0	0	0	0	0	
Coûts récupérables	176	163	152	140	130	121	112	
Cost stop	583	525	472	425	383	344	310	**9 211**
Report en avant	0	0	0	0	0	0	0	
Cost oil	176	163	152	140	130	121	112	**5 056**
Profit oil	873	781	699	625	559	499	446	**11 523**
Profit oil contractant	262	234	210	187	168	150	134	**3 457**
Total *oil* contractant	438	398	361	328	298	270	246	**8 513**
Profit oil État	611	547	489	437	391	349	312	**8 066**
Total *oil* État	728	652	584	522	467	418	374	**9 908**

La part de l'État augmente légèrement en pourcentage de la rente, mais baisse en valeur absolue.

Exercice 7

Le taux de partage varie avec R. Le profil est :

Années	2	3	4	5	6	7	8	9
R	0,5	0,9	1,4	1,8	2,0	2,3	2,5	2,7
Part de l'État	50 %	50 %	60 %	70 %	70 %	70 %	70 %	80 %

Années	10	11	12	13	14	15	16
R	2,9	3,0	3,2	3,3	3,4	3,5	3,6
Part de l'État	80 %	90 %	90 %	90 %	90 %	90 %	90 %

Avec cette nouvelle répartition, le partage du *profit oil* devient :

Années	2	3	4	5	6	7	8	9
Profit oil État	320	320	384	448	837	853	764	781
Profit oil contractant	320	320	256	192	359	366	327	195
Total *oil* État	480	480	544	608	997	1 013	908	911

La rente ne change pas, mais la part de l'État augmente pour atteindre 78,5 %.

Cette modalité de partage variable en fonction du retour sur l'investissement du contractant a le mérite d'améliorer la rentabilité pour le contractant, qui raisonne en monnaie actualisée (c'est-à-dire qui préfère recevoir plus dans les premières années de production en échange d'une part plus réduite par la suite), tout en augmentant la part de l'État.

Exercice 8

Avec un prix du brut plus élevé, R augmente plus vite, ce qui permet à l'État de capter 79,0 % de la rente.

Le détail des calculs est le suivant :

Années	2	3	4	5	6	7	8	9
Ventes	1 600	1 900	2 200	2 600	2 000	2 200	2 250	2 025
Redevance	160	190	220	260	200	220	225	203
Opex	191	197	203	209	215	221	205	190
Exploration	180							
CAPEX Dépréciation	563	563	563	563	0	0	0	0
Coûts restant à récupérer		134	0	0	0	0	0	0
Coûts récupérables	934	893	765	771	215	221	205	190
Cost stop	800	950	1 100	1 300	1 000	1 100	1 125	1 013
Report en avant	134	0	0	0	0	0	0	0
Cost oil	800	893	765	771	215	221	205	190
Profit oil	640	817	1 215	1 569	1 585	1 759	1 820	1 632
Profit oil contractant	320	409	486	471	476	528	546	326
Total *oil* contractant	1 120	1 301	1 251	1 242	690	749	751	517
Profit oil État	320	409	729	1 098	1 110	1 231	1 274	1 306
Total *oil* État	480	599	949	1 358	1 310	1 451	1 499	1 508

Années	10	11	12	13	14	15	16	Total
Profit oil État	699	703	629	562	503	449	401	8 653
Profit oil contractant	175	78	70	62	56	50	45	2 870
Total *oil* État	815	808	723	647	579	518	463	10 495

Années	10	11	12	13	14	15	16	Total
Ventes	1 823	1 640	1 476	1 329	1 196	1 076	969	26 283
Redevance	182	164	148	133	120	108	97	2 628
Opex	176	163	152	140	130	121	112	2 625
Exploration								
CAPEX Dépréciation	0	0	0	0	0	0	0	2 251
Coûts restant à récupérer	0	0	0	0	0	0	0	
Coûts récupérables	176	163	152	140	130	121	112	
Cost stop	911	820	738	664	598	538	484	13 142
Report en avant	0	0	0	0	0	0	0	
Cost oil	176	163	152	140	130	121	112	5 056
Profit oil	1 464	1 313	1 177	1 055	946	848	760	18 599
Profit oil contractant	293	131	118	106	95	85	76	4 463
Total *oil* contractant	469	295	269	246	225	206	188	9 519
Profit oil État	1 171	1 181	1 059	950	851	763	684	14 136
Total *oil* État	1 353	1 345	1 207	1 083	971	871	781	16 764

Exercice 9

Avec la nouvelle structure de coûts, et le même profil de recettes que dans le cas 1, le *cost oil* est augmenté.

Années	2	3	4	5	6	7	8	9
Ventes	1 600	1 600	1 600	1 600	1 600	1 600	1 440	1 296
Redevance	160	160	160	160	160	160	144	130
Coûts récupérables	934	893	858	830	1 094	516	1 055	525
Cost stop	800	800	800	800	800	800	720	648
Report en avant	134	93	58	30	294	0	335	0
Cost oil	800	800	800	800	800	516	720	525
Profit oil	640	640	640	640	640	924	576	641
Profit oil contractant	320	320	256	192	192	277	173	128
Total *oil* contractant	1 120	1 120	1 056	992	992	793	893	654
Profit oil État	320	320	384	448	448	647	403	513
Total *oil* État	480	480	544	608	608	807	547	642

Années	10	11	12	13	14	15	16	Total
Ventes	1 166	1 050	945	850	765	689	620	**18 421**
Redevance	117	105	94	85	77	69	62	**1 842**
Coûts récupérables	876	750	601	398	130	121	112	
Cost stop	583	525	472	425	383	344	310	**9 211**
Report en avant	293	225	129	0	0	0	0	
Cost oil	583	525	472	398	130	121	112	**8 103**
Profit oil	467	420	378	367	559	499	446	**8 476**
Profit oil contractant	93	42	38	37	56	50	45	**2 218**
Total *oil* contractant	677	567	510	435	186	171	157	**10 321**
Profit oil État	373	378	340	330	503	449	401	**6 258**
Total *oil* État	490	483	435	415	579	518	463	**8 100**

L'augmentation importante du *cost oil* (de 5 431 à 8 103 M$) entraîne une baisse équivalente de la rente. Le profit du contractant baisse, mais son *cost oil* augmente. Sur les 80 $ de chaque baril, 35,2 servent à récupérer les coûts. C'est aussi la part qui va à l'État, les 9,6 restants constituant le profit du contractant.

L'État récupère 78,5 % de la rente, mais c'est une rente très diminuée.

Présenté autrement : sur les 230 Mb totaux du champ, 129 vont au contractant (contre 110 dans le cas 1).

Il s'agit là d'un des graves défauts du CPP. Il n'y a pas d'incitation pour le contractant à réduire les coûts. L'exemple retenu grossit le trait, mais il traduit la difficulté de gestion d'un contrat en phase de désaturation. Tout investissement nouveau peut être traité avec suspicion par l'État, qui verra nécessairement son *profit oil* diminuer. C'est pourtant dans cette période de la vie du champ que les besoins en investissements nouveaux apparaissent, en même temps que s'affine la compréhension (et la modélisation) du comportement du champ.

Exercice 10

Années	2	3	4	5	6	7	8	9
Production cumulée au 31/12(Mb)	20	40	60	80	100	120	138	154
Profit oil État	70 %	70 %	70 %	70 %	70 %	75 %	75 %	75 %
Ventes	1 600	1 600	1 600	1 600	1 600	1 600	1 440	1 296
Redevance	160	160	160	160	160	160	144	130
Bonus de production (M$)					50			
Opex	191	197	203	209	215	221	205	190
Exploration	180							
CAPEX Dépréciation	450	450	450	450	450			
Coûts restant à récupérer		21						
Coûts récupérables	821	668	653	659	665	221	205	190
Cost stop	800	800	800	800	800	800	720	648
Report en avant	21	0	0	0	0	0	0	0
Cost oil	800	668	653	659	665	221	205	190
Profit oil	640	772	787	781	775	1 219	1 091	976
Profit oil contractant	192	232	236	234	182	305	273	244
Total *oil* contractant	992	900	889	893	848	526	478	434
Profit oil État	448	540	551	547	542	914	818	732
Total *oil* État	608	700	711	707	752	1 074	962	862

La rente reste la même, et la part de l'État augmente grâce à deux mécanismes : l'augmentation automatique du taux de partage en fonction de la production cumulée et le transfert du montant des bonus de production qui sont prélevés sur la part de profit du contractant.

En monnaie actualisée, ces événements qui interviennent plus tard dans la vie du contrat ont un impact moindre au moment de la négociation.

Années	10	11	12	13	14	15	16	Total
Production cumulée au 31/12(Mb)	169	182	194	204	214	223	230	
Profit oil État	75 %	75 %	75 %	75 %	80 %	80 %	80 %	
Ventes	1 166	1 050	945	850	765	689	620	**18 421**
Redevance	117	105	94	85	77	69	62	**1 842**
Bonus de production (M$)				50				**100**
Opex	176	163	152	140	130	121	112	**2 625**
Exploration								
CAPEX Dépréciation								**2 251**
Coûts restant à récupérer								
Coûts récupérables	176	163	152	140	130	121	112	
Cost stop	583	525	472	425	383	344	310	**9 211**
Report en avant	0	0	0	0	0	0	0	
Cost oil	176	163	152	140	130	121	112	**5 056**
Profit oil	873	781	699	625	559	499	446	**11 423**
Profit oil contractant	218	195	175	106	112	100	89	**2 893**
Total *oil* contractant	395	359	326	247	242	221	201	**7 949**
Profit oil État	655	586	524	469	447	399	357	**8 530**
Total *oil* État	772	691	619	604	523	468	419	**10 472**

Exercice 11

Question 1

	100 $/b	110 $/b	120 $/b	130 $/b	140 $/b	150 $/b
Part État	30	36,4	41,7	46,2	50,0	53,3
Part État	40	45,5	50,0	53,8	57,1	60,0
Part État	50	54,5	58,3	61,5	64,3	66,7
Part État	60	63,6	66,7	69,2	71,4	73,3
Part État	70	72,7	75,0	76,9	78,6	80,0

On peut vérifier que la formule est construite de telle sorte que si BR n'est pas égal à 100 %, la part du contractant ne sera jamais nulle (même si elle peut devenir inférieure à 1 %).

Si le BR proposé est 100 %, la formule conservera cette valeur pour tout prix du pétrole.

Question 2

La production du champ reste largement inférieure à 75 000 b/j. La part de l'État varie en fonction du prix.

Le partage se calcule comme suit :

Année	1	2	3	4	5	6	7	8
Volume (Mb)	10	10	10	10	9	8	8	7
Prix ($/b)	80	95	110	130	100	110	125	125
Revenu (M$)	800	950	1 100	1 300	900	880	1000	875
Capex	1 200							
Opex (M$)	210	221	232	243	230	214	225	207
Report en avant		930	581	153				
Coûts récupérables	1 410	1 151	813	396	230	214	225	207
Cost stop	480	570	660	780	540	528	600	525
Cost oil (M$)	480	570	660	396	230	214	225	207
Profit oil (M$)	320	380	440	904	670	666	775	668
Part État	65 %	65 %	68,2 %	73,1 %	65 %	68,2 %	72,0 %	72,0 %
Profit oil État (M$)	208	247	300	661	436	454	558	481
Profit oil contractant	112	133	140	243	235	212	217	187

La rente est égale à 7 364 M$.

La part de l'État est 5 174 M$, soit 70,3 %.

Avec le remboursement des coûts, la part du contractant atteint 6 131 M$. Le partage de la rente est favorable à l'État, mais le contractant recueille plus de la moitié de la production totale du champ en additionnant *cost oil* et *profit oil*.

Année	9	10	11	12	13	14	Total
Volume (Mb)	6	6	5	4	3	3	
Prix ($/b)	125	125	125	125	125	125	
Revenu (M$)	875	750	625	500	375	375	**11 305**
Capex							
Opex (M$)	217	195	171	144	113	119	
Report en avant							
Coûts récupérables	217	195	171	144	113	119	
Cost stop	525	450	375	300	225	225	
Cost oil (M$)	217	195	171	144	113	119	**3 941**
Profit oil (M$)	658	555	454	356	262	256	**7 364**
Part État	72,0 %	72,0 %	72,0 %	72,0 %	72,0 %	72,0 %	
Profit oil État (M$)	474	400	327	256	189	184	**5 174**
Profit oil contractant	184	155	127	100	73	72	**2 190**

Question 3

Sans la clause de PTC, le *profit oil* de l'État s'élève à 4 787 M$.

L'apport de cette clause est de 387 M$.

En volume, les chiffres sont :

Cost oil	36 Mb
Profit oil État avec PTC	44 Mb
Profit oil contractant avec PTC	19 Mb
Profit oil État sans PTC	41 Mb
Profit oil contractant sans PTC	22 Mb

La clause de PTC déplace 3 % de la production totale, 5 % du *profit oil* vers l'État.

Exercice 12

Année	1	2	3	4	5	6	7	8
Volume (Mb)	10	10	10	10	9	8	8	7
Production cumulée	10	20	30	40	49	57	65	72
Prix ($/b)	80	95	110	130	100	110	125	125
Revenu (M$)	800	950	1 100	1 300	900	880	1 000	875
Redevance								
Taux de la redevance	0	0	0	0	5 %	10 %	12,5 %	12,5 %
Redevance due	0	0	0	0	45	88	125	109
Puits exploration secs	100							
Puits positifs	150	150	150	150				
Amortissement	100	80	64	51	41	33	26	21
Opex (M$)	210	221	232	243	230	214	225	207
Coûts récupérables	560	451	446	444	271	247	251	228
Cost stop	680	808	935	1 105	765	748	850	744
Cost oil	560	451	446	444	271	247	251	228
Profit oil	240	499	654	856	629	633	749	647
Profit oil État	12	25	33	43	31	32	37	32
Profit oil contracteur	228	474	621	813	598	601	711	615
Calcul du WLO								
SCO (Mb)	10	10	10	10	9	8	8	7
B	40	41	41	42	42	43	43	44
P-B	40	55	69	89	58	68	82	82
Taux	40 %	40 %	100 %	100 %	40 %	100 %	100 %	100 %
WLO (M$)	158	212	669	856	201	521	631	549
Calcul de l'IS								
Assiette	228	212	669	856	201	521	631	549
Taux	40 %	40 %	40 %	40 %	40 %	40 %	40 %	40 %
IS (M$)	91	85	268	342	81	208	253	220
Bonus de production	0,6						1,2	
Part État (M$)	261	322	970	1241	359	848	1048	911
Profit contractant								

Le contrat est trop défavorable au contractant. Le prélèvement de l'État sous forme de redevance (indépendante du résultat), d'IS et surtout du WLO consomme 84 % **du revenu**, ce qui empêche la rentabilité.

L'erreur fondamentale commise par le concepteur de ce contrat porte sur le WLO. Elle est double :

Année	9	10	11	12	13	14	Total
Volume (Mb)	7	6	5	4	3	3	**100**
Production cumulée	79	85	90	94	97	100	
Prix ($/b)	125	125	125	125	125	125	
Revenu (M$)	875	750	625	500	375	375	**11 305**
Redevance							
Taux de la redevance	12,5 %	12,5 %	12,5 %	12,5 %	12,5 %	12,5 %	
Redevance due	109	94	78	63	47	47	**805**
Puits exploration secs							
Puits positifs							
Amortissement	17	17	17	17	16		
Opex (M$)	217	195	171	144	113	119	
Coûts récupérables	234	212	188	161	129	119	
Cost stop	744	638	531	425	319	319	
Cost oil	234	212	188	161	129	119	**3 941**
Profit oil	641	538	437	339	246	256	
Profit oil État	32	27	22	17	12	13	**368**
Profit oil contracteur	609	511	415	322	234	243	**6 995**
Calcul du WLO							
SCO (Mb)	7	6	5	4	3	3	
B	44	45	45	46	46	47	
P-B	81	81	80	80	79	79	
Taux	100 %	100 %	100 %	100 %	100 %	100 %	
WLO (M$)	546	466	386	307	229	227	**5 959**
Calcul de l'IS							
Assiette	546	466	386	307	229	227	
Taux	40 %	40 %	40 %	40 %	40 %	40 %	
IS (M$)	218	186	154	123	92	91	**2 412**
Bonus de production							
Part État (M$)	906	772	640	509	380	378	**9546**
Profit contractant							**− 2182**

- d'une part, de faire porter le WLO sur la totalité de l'huile revenant au contractant (SCO), ce qui reprend une large part d'une somme qui est censée permettre la récupération de coûts effectivement engagés ;
- d'autre part, d'avoir retenu 110 $/b comme seuil du basculement dans un taux d'imposition de 100 % pour le WLO. Compte tenu des niveaux atteints depuis 2006, ce niveau est trop bas.

À titre d'exercice additionnel, on calculera le contrat corrigé en supprimant le seuil de 110 \$/b, c'est-à-dire où le taux du WLO reste à 40 %, quel que soit le prix du pétrole.

Année	1	2	3	4	5	6	7
Volume (Mb)	10	10	10	10	9	8	8
Production cumulée	10	20	30	40	49	57	65
Prix (\$/b)	80	95	110	130	100	110	125
Revenu (M\$)	800	950	1 100	1 300	900	880	1 000
Redevance							
Taux de la redevance	0	0	0	0	5 %	10 %	12,5 %
Redevance due	0	0	0	0	45	88	125
Puits exploration secs	100						
Puits positifs	150	150	150	150			
Amortissement	100	80	64	51	41	33	26
Opex (M\$)	210	221	232	243	230	214	225
Coûts récupérables	560	451	446	444	271	247	251
Cost stop	680	808	935	1105	765	748	850
Cost oil	560	451	446	444	271	247	251
Profit oil	240	499	654	856	629	633	749
Profit oil État	12	25	33	43	31	32	37
Profit oil contractant	228	474	621	813	598	601	711
Calcul du WLO							
SCO (Mb)	10	10	10	10	9	8	8
B	40	41	41	42	42	43	43
P-B	40	55	69	89	58	68	82
Taux	40 %	40 %	40 %	40 %	40 %	40 %	40 %
WLO (M\$)	158	212	268	342	201	208	253
Calcul de l'IS							
Assiette	228	474	621	813	553	513	586
Taux	40 %	40 %	40 %	40 %	40 %	40 %	40 %
IS (M\$)	91	190	249	325	221	205	234
Bonus de production	0,6						1,2
Part État (M\$)	261	427	549	710	499	533	651
Profit contractant							

Année	8	9	10	11	12	13	14	Total
Volume (Mb)	7	7	6	5	4	3	3	**100**
Production cumulée	72	79	85	90	94	97	100	
Prix ($/b)	125	125	125	125	125	125	125	
Revenu (M$)	875	875	750	625	500	375	375	**11 305**
Redevance								
Taux de la redevance	12,5 %	12,5 %	12,5 %	12,5 %	12,5 %	12,5 %	12,5 %	
Redevance due	109	109	94	78	63	47	47	**805**
Puits exploration secs								
Puits positifs								
Amortissement	21	17	17	17	17	16		
Opex (M$)	207	217	195	171	144	113	119	
Coûts récupérables	228	234	212	188	161	129	119	
Cost stop	744	744	638	531	425	319	319	
Cost oil	228	234	212	188	161	129	119	**3 941**
Profit oil	647	641	538	437	339	246	256	
Profit oil État	32	32	27	22	17	12	13	**368**
Profit oil contractant	615	609	511	415	322	234	243	**6 995**
Calcul du WLO								
SCO (Mb)	7	7	6	5	4	3	3	
B	44	44	45	45	46	46	47	
P-B	82	81	81	80	80	79	79	
Taux	40 %	40 %	40 %	40 %	40 %	40 %	40 %	
WLO (M$)	220	218	186	154	123	92	91	**2 727**
Calcul de l'IS								
Assiette	505	500	417	337	259	187	196	
Taux	40 %	40 %	40 %	40 %	40 %	40 %	40 %	
IS (M$)	202	200	167	135	104	75	78	**2 476**
Bonus de production								
Part État (M$)	564	560	474	389	306	226	229	**6 377**
Profit contractant								**987**

Cette modification restaure une rentabilité pour le contractant. Cela ne rend pas pour autant le contrat harmonieux. Le concepteur du contrat a mélangé des notions de fiscalité générale (comme l'amortissement dégressif pour certains Capex), de fiscalité américaine (comme le traitement différent des puits et des installations de production) et la fiscalité pakistanaise avec un taux de 40 %.

Le *cost stop* est fixé tellement haut qu'il ne joue aucun rôle, sauf à imaginer une exploration et un développement très coûteux, ce qui jette un doute sur l'intérêt du projet lui-même.

On comprend d'ailleurs mal pourquoi ce contrat est un CPP, dans la mesure où moins de 6 % du prélèvement de l'État provient de sa part de *profit oil* dans le cas 2 (voire moins de 4 % dans le cas initial).

Annexe au chapitre 2

Calcul pour la concession angolaise

Avec les mêmes hypothèses sur les réserves, le profil de production, les Opex et les prix.

TABLEAU ▪ Calcul du partage par an sur la durée de production du champ dans la concession angolaise

Année	1	2	3	4	5	6	7	8
Volume (Mb)	10	10	10	10	9	8	8	7
Prix ($/b)	80	95	110	130	100	110	125	125
Revenu (M$)	800	950	1 100	1 300	900	880	1 000	875
Capex	1 200							
Amortissement	200	200	200	200	200	200		
Uplift	80	80	80	80	80	80		
Opex (M$)	210	221	232	243	230	214	225	207
Déduction forfaitaire	61	64	67	71	67	63	65	62
Redevance	160	190	220	260	180	176	200	175
Calcul de la PTF								
Assiette (M$)	389	385	521	706	323	324	710	608
Taux	60 %	60 %	60 %	60 %	60 %	60 %	60 %	60 %
PTF (M$)	233	231	312	424	194	194	426	365
Calcul de la PIT								
Revenu après PTF (M$)	567	719	788	876	706	686	574	510
Opex (M$)	200	210	221	232	219	204	214	197
Redevance	160	190	220	260	180	178	200	180
Amortissement	200	200	200	200	200	200		
Assiette	7	119	147	185	107	103	160	133
Taux	66 %	66 %	66 %	66 %	66 %	66 %	66 %	66 %
PIT (M$)	4	78	97	121	71	68	105	88
Cash flow après impôt	402	230	239	252	226	228	44	41
Part totale de l'État (M$)	398	499	629	805	444	438	731	627

Année	9	10	11	12	13	14	Total
Volume (Mb)	6	6	5	4	3	3	100
Prix ($/b)	125	125	125	125	125	125	
Revenu (M$)	875	750	625	500	375	375	11 305
Capex							
Amortissement							
Uplift							
Opex (M$)	217	195	171	144	113	119	2 531
Déduction forfaitaire	58	55	52	42	33	31	791
Redevance	175	150	125	100	75	75	2 261
Calcul de la PTF							
Assiette (M$)	595	498	404	314	229	221	
Taux	60 %	60 %	60 %	60 %	60 %	60 %	
PTF (M$)	357	299	243	189	137	133	3 737
Calcul de la PIT							
Revenu après PTF (M$)	518	451	382	311	238	242	
Opex (M$)	207	186	163	137	108	113	
Redevance	162	146	131	100	75	68	
Amortissement							
Assiette	149	119	88	75	55	61	
Taux	66 %	66 %	66 %	66 %	66 %	66 %	
PIT (M$)	98	78	58	49	36	40	992
Cash flow après impôt	28	28	28	18	14	8	1 784
Part totale de l'État (M$)	630	527	426	338	248	248	6 990

Table des figures et tableaux

Figures

Tableaux

Bibliographie

Publications générales

Bret-Rouzaut N. et Favennec J.-P., *Recherche et production du pétrole et du gaz. Réserves, coûts, contrats*, Édition Technip, Paris, 2010.

USGS : http://www.usgs.gov

ITIE : http://eiti.org

OPEP : http://www.opec.org/opec_web/en

Contrats (généralités)

Ernst & Young annual guide :
http://www.ey.com/GL/en/Industries/Oil---Gas/2012-global-oil-and-gas-tax-guide

Johnston D. et Johnston D., « Petroleum Fiscal System Analysis — State of Play », *OGEL*, Vol. 8 – Issue 4, 2010.

L'exploration et l'exploitation pétrolières en mer, rapport d'information du Sénat (2013) ; étude comparative de six pays (Australie, Brésil, France, Mexique, Norvège et Royaume-Uni).
http://www.senat.fr/notice-rapport/2012/lc230-notice.html

Contrats (par pays)

Afghanistan
http://mom.gov.af/en

Algérie
http://www.mem-algeria.org/francais/index.php

Angola
http://www.minpet.gov.ao

Brésil
http://www.anp.gov.br/brnd/round9/geral/contratos/ContratoR1_eng.pdf

Congo (République)
http://www.mefb-cg.org/petroles/production/contrats.html

États-Unis
http://www.boem.gov

Grande-Bretagne
http://www.hmrc.gov.uk/manuals/otmanual/Index.htm
http://www.oilandgasuk.co.uk/taxation.cfm

Irak
http://www.oil.gov.iq/moo/index.php?lang=en

Kazakhstan
http://mgm.gov.kz

Kenya
http://www.energy.go.ke

Kurdistan (Contrats signés par la République du)
http://krg.org/p/p.aspx?l=12&r=296&p=1

Mauritanie
http://www.petrole.gov.mr/minesindustrie/index.html

Mexique
http://contratos.pemex.com/Paginas/inicio.aspx

Nigeria
http://www.dprnigeria.com/legislation.html
http://www.nnpcgroup.com

Norvège
http://www.npd.no/en/Publications/Facts/Facts-2010/Chapter-3
http://www.regjeringen.no/en/dep/oed.html?id=750

Nouvelle Zélande
http://www.nzpam.govt.nz/cms

Pakistan

http://www.mpnr.gov.pk

Ukraine

http://www.dundee.ac.uk/cepmlp/journal/html/vol6/article6-13.html

Venezuela

http://www.menpet.gob.ve

Cárdenas García J., « Rebalancing Oil Contracts in Venezuela », *OGEL*, Vol. 9 – Issue 6, 2011.

Index

O

Offshore, 11, 19, 32, 33, 34, 51, 53, 78, 102, 103, 117, 120, 121, 140, 142

Onshore, 17, 24, 51, 131, 136

Opérateur, 4, 5, 6, 7, 8, 10, 31, 34, 35, 43, 47, 53, 55, 57, 83, 94, 130, 112, 113, 114, 115, 116, 117, 118, 120, 123, 124, 125, 126, 121

Opex, 3, 4, 6, 22, 28, 29, 31, 32, 33, 35, 37, 73, 75, 111, 113, 156, 162, 148, 134, 135, 150, 136, 137, 138, 152, 141, 156, 145, 160, 162, 168, 176

P

Pakistan, 48, 51, 85, 110, 131, 142, 182

Partage de production, 6, 12, 13, 15, 17, 25, 26, 27, 28, 30, 31, 32, 35, 36, 38, 40, 70, 46, 49, 51, 56, 57, 58, 59, 60, 62, 66, 72, 73, 77, 81, 82, 83, 90, 95, 96, 97, 44, 104, 105, 106, 108, 110, 30, 112, 115, 118, 121, 123, 124, 140

Profit oil, 6, 27, 50, 28, 51, 30, 31, 33, 34, 57, 35, 36, 37, 38, 68, 70, 71, 59, 60, 67, 69, 70, 71, 72, 73, 83, 106, 107, 110, 113, 115, 118, 140, 141, 30, 35, 168, 138, 139, 140

R

Redevance, 16, 19, 20, 21, 24, 25, 27, 28, 29, 30, 32, 33, 34, 35, 45, 49, 51, 56, 59, 92, 77, 79, 80, 83, 91, 103, 104, 105, 131, 137, 69, 138, 140, 142, 143, 145, 170, 133, 136, 137

Rente, 10, 11, 12, 19, 22, 24, 25, 33, 37, 38, 66, 40, 43, 44, 49, 50, 54, 55, 56, 59, 60, 65, 66, 71, 73, 77, 79, 81, 89, 131, 110, 113, 116, 119, 122, 130, 133, 134, 135, 138, 44, 141, 160, 161, 162, 165, 166, 168

Reporting, 14, 116, 117, 123

Réserves, 5, 12, 13, 14, 15, 16, 27, 31, 37, 38, 67, 41, 56, 84, 58, 66, 81, 90, 91, 92, 94, 95, 96, 97, 44, 108, 158, 113, 115, 116, 118, 119, 121, 124, 44, 134, 176

S

Spéculateur, 12

T

Taxe, 12, 19, 20, 21, 45, 50, 52, 53, 78, 79, 110, 140, 145

Tombé du ciel, 50, 110, 140

Trinidad-et-Tobago, 110, 140

U

Uplift, 21, 24, 25, 31, 33, 34, 70, 59, 70, 77, 79, 44, 160, 136, 138

V

Venezuela, 18, 52, 80, 81, 86, 157, 182

W

Windfall, 50, 51